SITZUNGSBERICHTE DER SÄCHSISCHEN AKADEMIE
DER WISSENSCHAFTEN ZU LEIPZIG

Philologisch-historische Klasse
Band 126 · Heft 6

DETLEF DÖRING

DIE BEZIEHUNGEN ZWISCHEN JOHANNES KEPLER UND DEM LEIPZIGER MATHEMATIKPROFESSOR PHILIPP MÜLLER.

EINE DARSTELLUNG AUF DER GRUNDLAGE NEUENTDECKTER QUELLEN UND UNTER BESONDERER BERÜCKSICHTIGUNG DER ASTRONOMIEGESCHICHTE AN DER UNIVERSITÄT LEIPZIG

AKADEMIE-VERLAG · BERLIN
1986

Vorgelegt in der Sitzung am 11. Januar 1985
von den Herren Wollgast und Wußing
Manuskript eingereicht am 1. März 1985
Druckfertig erklärt am 16. März 1986

ISSN 0138-3957
ISBN 3-05-000065-1

Erschienen im Akademie-Verlag, DDR - 1086 Berlin, Leipziger Str. 3–4

Lizenznummer: 202 · 100/231/86
Printed in the German Democratic Republic
Gesamtherstellung: IV/2/14 VEB Druckerei „Gottfried Wilhelm Leibniz",
4450 Gräfenhainichen · 6633
LSV 2065
Bestellnummer: 754 666 8 (2026/126/6)
00700

INHALT

VERWENDETE ABKÜRZUNGEN

ADB	Allgemeine deutsche Biographie
Frisch	Joannis Kepleri Opera omnia. Ed. Ch. Frisch. Frankfurt/Erlangen 1858–1871
GW	Gesamtkatalog der Wiegendrucke
KGW	Keplers gesammelte Werke. München 1937 ff. (noch nicht abgeschlossen)
NDB	Neue deutsche Biographie
UB	Universitätsbibliothek Leipzig

1. Einleitung: Die Revoulution der Naturwissenschaften und die Universitäten

Daß das Aufkommen der modernen Naturwissenschaften eines der wesentlichen Momente in der Entwicklung der neueren Jahrhunderte darstellt, bedarf angesichts ihrer gegenwärtigen beherrschenden Bedeutung wohl keiner näheren Begründung. Weniger eindeutig und umstrittener stellt sich das Bild ihrer Entstehung samt deren Ursachen und treibenden Elementen dar. Uns soll hier innerhalb des breiten Spektrums der in diesem Zusammenhang ventilierten Fragen nur die Rolle der Universitäten interessieren. Es ist bekannt, daß im Gegensatz zu späteren Epochen die großen, die Fundamente des neuen naturwissenschaftlichen Weltbildes bildenden Entdeckungen des 15.–17. Jh. fast ausnahmslos außerhalb der damaligen Hochschulen erfolgten. Regiomontan verbrachte den größten Teil seines Lebens innerhalb gelehrter Kreise in Italien, am ungarischen Hofe und schließlich als Privatgelehrter und Verleger in Nürnberg. Kopernikus wirkte 40 Jahre als Domherr in Ostpreußen. Der sein Leben lang in unsteter Wanderschaft begriffene Paracelsus hat nur einen kurzen und unglücklichen Versuch unternommen, an einer Universität Fuß zu fassen (Basel). Einzig Galilei lehrte gut 20 Jahre als Professor in Pisa und Padua; seine großen, epochemachenden Publikationen fallen jedoch fast ganz in die spätere Zeit. Keplers Leben ist geteilt in sein Wirken als Hofastronom (Prag, Sagan) und als Landschaftsmathematiker (Graz, Linz).

Die Gründe für diese auffällige Beobachtung sind nicht von ungefähr. Entstehung, Wesen und Aufgaben der Universität sind aufs engste mit der Welt des Mittelalters verbunden. Ihre äußere Existenz beruhte ganz auf ihrer Verbindung mit den kirchlichen Institutionen. Die ihrer Lehre zugrundeliegende Philosophie ist die des dem neuen Naturbild fremd gegenüberstehenden christlichen Aristotelismus. Ihr Ziel ist, ganz mittelalterlich, nicht die ins Unbekannte greifende Forschung, sondern die Tradierung der überkommenen Überlieferung. Auch die Reformation schafft hier keine grundlegenden Änderungen. Die kirchliche Aufsicht bleibt, der Aristotelismus wird von Melanchthon erneuert und zur allgemeingültigen Schulphilosophie erhoben[1]. Auf diesem Boden konnte

1 Vgl. Peter Petersen: Geschichte der aristotelischen Philosophie im protestantischen Deutschland. Leipzig 1921. Auf den Seiten 74–93 und 147–166 wird das

eine Entwicklung, wie sie durch die oben genannten Namen repräsentiert wird, nur schwer Raum gewinnen, gleich gar nicht aber ihren Ausgang nehmen. Dies ist die Situation bis zur Säkularisierung des wissenschaftlichen Lebens im 18. Jh. und dem endgültigen Zusammenbruch des Aristotelismus, zumindest im protestantischen Raum. Nunmehr erst übernimmt die Universität, freilich auch jetzt nicht allein, die Führung in der Fortbildung der autonom gewordenen Wissenschaft.

Es möchte aus dem Gesagten der Eindruck entstehen, daß die Beschäftigung mit den Universitäten der frühen Neuzeit die Kenntnis der Wissenschaftsgeschichte nur in einem geringen Maße zu fördern vermag. Dies wäre jedoch eine falsche Schlußfolgerung. Wissenschaftsgeschichte besteht nicht nur im „hohen Geistergespräch" der sich über die „öden Zwischenräume der Zeit" zurufenden Geistesriesen (Nietzsche), die doch, was man nicht vergessen möge, nie die Anschauungen oder auch nur das Gespräch ihrer Zeitgenossen in dem Maße bestimmten, wie uns das heute im nachhinein erscheinen möchte. Beherrschend blieben die überlieferten und darum mit allen erdenklichen Weihen umgebenen Lehrsysteme. An ihnen zuerst bildeten sich auch die „Riesen"; ihr späteres revolutionierendes Darüberhinwegschreiten läßt sich ohne eine genaue Kenntnis dieser Grundlagen überhaupt nicht verstehen. Aber mehr noch: Die Behauptung vom rein steril-scholastischen Charakter des wissenschaftlichen Lebens an den Universitäten des 16./17. Jh. scheint zu dem Vorstellungsbestand der Geschichtsschreibung zu zählen, der nur ob seiner genügend oft vorgenommenen ungeprüften Wiederholung die gegenwärtig geltende Selbstverständlichkeit erlangt hat.[1a] Auch der sich am Bekannten orientierende Wissenschaftler ist zu einem bestimmten Zeitpunkt gezwungen, sich neuen Er-

Bild der Physik innerhalb dieser Wiederbelebung des Aristotelismus behandelt. Eine neuere Darstellung zu diesem Thema, kurz aber prägnant, gibt Gerhard Müller: Die Aristoteles-Rezeption im deutschen Protestantismus. In: Die Rezeption der Antike. Hamburg 1981 (Wolfenbüttler Abhandlungen zur Renaissanceforschung, Bd. 1), S. 57–70.

1a Die Frage nach der Rolle der Universität in der sich im 17. Jh. vollziehenden Revolution des Weltbildes ist schon deswegen schwer zu beantworten, weil konkrete Einzeluntersuchungen zu dieser Thematik rar sind. Vgl. u. a. Berthold Sutter: Wissenschaft und geistige Strömungen zwischen dem Augsburger Religionsfrieden und dem Dreißigjährigen Krieg. In: Wissenschaftsgeschichte um Wilhelm Schickard. Tübingen 1981 (Contubernium. Beiträge zur Geschichte der Eberhard-Karls-Universität Tübingen, Bd. 6), S. 153–240 (in Anm. 107 ausführliche Literaturangaben zur universitätsgeschichtlichen Problematik).
Siegfried Wollgast: Zur Stellung des Gelehrten in Deutschland im 17. Jahrhundert (Sitzungsberichte der Sächsischen Akademie der Wissenschaften. Phil.-hist. Klasse, Bd. 125, Heft 2. Berlin 1984 (vgl. besonders S. 5).

kenntnissen, neuen Theorienentwürfen zu stellen, d. h. er muß versuchen, auf der Grundlage der sein Denken tragenden Voraussetzungen dem Neuen zu begegnen. Dabei ändern sich, erst oft unmerklich, aber dennoch entscheidend diese Voraussetzungen selbst. Sie werden allmählich aufgelöst (in einem gewissen Sinne aber auch aufgehoben), die Strukturen eines neuen Systems treten an deren Stelle.[2] Die Universitätsgeschichte gewinnt damit für unsere Kenntnis über die Durchsetzung und Verbreitung revolutionärer wissenschaftlicher Entdeckungen eine Schlüsselstellung.

Diesen wichtigen Prozeß anhand der Geschichte der europäischen Hochschulen zu verfolgen, ist eines der noch weitgehend unbearbeiteten Desiderate der Forschung. Es ist nicht die Darstellung des Werdens und Wachsens der Heroen der Geistesgeschichte, vor der alles andere zum Hintergrund wird, die hier gefordert wird, sondern die eine oft ermüdende und strapazierende Kärrnerarbeit erfordernde Beschäftigung mit deren „untergeordnetem Personal". Als Lichtpunkt in diesem Mühen erscheint dann freilich einer der nicht eben häufigen Momente, wo einer aus der Schar der ganz oder fast Vergessenen mit einem der Heroen in Kontakt kommt. Der Letztere verkörpert das revolutionäre Prinzip, der Erstere die noch weithin herrschende Macht des Überkommenen, dessen bisheriges ungebrochenes Dasein nun in Frage gestellt wird. Die folgenden Blätter wollen auf ein solches Beispiel mehr hinweisen, wie das bisher Gesagte überhaupt nur als Anregung verstanden werden möchte. Die Masse der zu erschließenden Quellen ist immenser als mancher zu glauben vermag, die zu verallgemeinernden Ergebnisse dieser Forschungen liegen noch weit in der Ferne.

Die Leipziger Universität, die im Mittelpunkt der folgenden Ausführungen stehen wird, ist nicht nur eine der ältesten Hochschulen des mitteleuropäischen Raumes (1409 gegründet), sondern sie war auch eine der wenigen Einrichtungen ihrer Art, die nie eine gewisse überregionale Bedeutung verloren hat. Andererseits wird sie seitens der traditionellen Universitätshistoriographie als *der* Prototyp der konservativen, jeglichem Neuen gegenüber hermetisch abgeschlossenen Hochschule ausgegeben: im 15. Jh. Hochburg der verknöcherten Scholastik und Hort der Dunkelmänner, im 16. und 17. Jh. Zentrum der alle lebendigen Regungen unterdrückenden sterilen lutherischen Orthodoxie. Trotz der angedeuteten nationalen und auch internationalen Bedeutung der Leipziger Universität gibt es daher zur Wissenschaftsgeschichte ihrer frühneuzeit-

2 Vgl. Thomas S. Kuhn: Die Struktur wissenschaftlicher Revolution. Frankfurt/M. 1973. Kuhn beschreibt diesen Vorgang mit dem durch ihn bekanntgewordenen Begriff des Paradigmenwechsels. Der entscheidende Mangel der Arbeit Kuhns scheint mir seine von allen ökonomischen, soziologischen, politischen und geistesgeschichtlichen Faktoren losgelöste Betrachtungsweise zu sein.

lichen Entwicklungsphase eine nur geringe Anzahl von Untersuchungen. Dieses in ernsthafter Weise noch niemals hinterfragte Bild bedarf angesichts der Quellenlage zur Leipziger Universitätsgeschichte des 15.–17. Jh. endlich der Revision. Allein nur die Leipziger Universitätsbibliothek enthält in ihren Nachlässen, Autographensammlungen, Handschriften und Drucken eine beeindrukkende Fülle von Dokumenten, die durchaus eine andere Sprache sprechen, ohne nun damit behaupten zu wollen, Leipzig sei in jener Zeit eines der entscheidenden Zentren der Wissenschaftsentwicklung gewesen.[2a]

Zu diesen noch völlig unbekannten und unerschlossenen Materialien gehören auch einige, allerdings erst vor wenigen Jahren bei Aufräumungsarbeiten entdeckte Briefe Johannes Keplers und seiner Familie an den Leipziger Professor Philipp Müller. Sie sind nicht nur für die Kepler-Forschung von erheblicher Bedeutung, erbringen sie doch neue Erkenntnisse über die letzten Lebensmonate Keplers, sondern sie sind gleichsam auch ein Paradigma für das eben angedeutete, dem wissenschaftlichen Leben an der Leipziger Universität zukommende Interesse. Dies wird auch durch die Ergebnisse des relativ breit angelegten Einleitungsteils unterstützt, der sich mit der Leipziger Astronomiegeschichte vor Keplers Wirken beschäftigt. Dabei dürfte der hier erreichte Stand der Materialerschließung mit Sicherheit noch nicht als endgültig anzusehen sein.

2. Skizze der Entwicklung der Astronomie an der Leipziger Universität von ihren Anfängen bis zum Beginn des 17. Jh.

Der Forschung zu Person und Werk von Johannes Kepler ist seit 1927 ein die Jahre 1622 und 1629/30 umfassender Briefwechsel Keplers mit dem Leipziger Mathematikprofessor Philipp Müller bekannt, den W. v. Dyck 1914 in Paris ermitteln konnte.[3] Diese Briefe sind für die letzten Lebensjahre Keplers, von denen wir nur wenige Nachrichten besitzen, eine der wichtigsten Quellen. Die Beziehung Keplers zu dem Leipziger Gelehrten gestaltete sich bald über die Abwicklung geschäftlicher und fachlicher Fragen hinausgehend zu einer persönlichen Freundschaft, die schließlich auch zu einem direkten Kontakt führte, als Kepler auf seiner letzten Reise, auf der er in Regensburg den Tod

2a Ausführliche Angaben vermittelt meine noch nicht veröffentlichte Arbeit: Unbekannte Quellen zur Geschichte der Leipziger Universität aus dem Bestand der Handschriftenabteilung der Universitätsbibliothek Leipzig (erscheint im Jahrbuch für Regionalgeschichte, Bd. 13 (1986).

3 W. von Dyck u. M. Caspar: Die Keplerbriefe auf der Nationalbibliothek und auf der Sternwarte in Paris. In: Abhandlungen der Bayr. Akademie der Wiss. Math.-nat. Abteilung. XXXI Bd. 1. Abtl. Nova Kepleriana Teil 4. München 1927.

finden sollte, bei seinem „alterum Berneggerum“[4] in Leipzig mindestens eine Woche verweilte. Über Jahre nach Keplers Ende hinaus blieb Müller zudem an den Geschicken der Familie interessiert, stand er im Briefwechsel mit Keplers Tochter Susanne und deren Mann Jakob Bartsch, traf mit ihnen auch persönlich zusammen, beschäftigte ihn der Nachlaß des verstorbenen Freundes. Es erscheint vor diesem Hintergrund umso merkwürdiger, daß die Leipziger Universitätshistorie diese Beziehung eines der bedeutendsten Denker der neueren Geschichte zur ersten sächsischen Universität nirgend auch nur erwähnt. Die vor kurzem geglückte Entdeckung weiterer Briefe des Keplerkreises an Müller, worunter sich als Glanzstück auch ein bisher ganz unbekannter Brief Keplers selbst befindet, gab nun die Veranlassung, dieses Versäumnis im folgenden nachzuholen.

Es gibt keine den heutigen Anforderungen gerecht werdende Geschichte der Universität Leipzig, ebenso fehlt es an einer Darstellung der an ihr betriebenen naturwissenschaftlichen Studien.[5] Da es jedoch als notwendig erscheint, das Auftreten und Wirken Müllers auch im Kontext der ihn tragenden Tradition zu sehen, sollen hier wenigstens einige Notizen über die Entwicklung der Astronomie in Leipzig zwischen dem 15. und dem beginnenden 17. Jh. angeboten werden. Ein Anspruch darauf, mit diesem Wenigen die bestehende Lücke auch nur auf jenem speziellen Gebiet ausfüllen zu können, besteht nicht.[6]

4 So Kepler in seinem an Matthias Bernegger gerichteten letzten erhaltenen Brief vom 21. 10. 1630: „Lipsiam veni 4./14. Oct. diverti apud alterum Berneggerum meum. Nomen illi Philippus Müller, Medic. Lic. et Professor.“ (KGW, Bd. 18, S. 446) Bernegger war bekanntlich über viele Jahre der engste Freund Keplers.

5 Für eine solche Darstellung wäre selbstverständlich die Hinzuziehung der in der UB Leipzig vorhandenen Manuskripte mathematisch-naturwissenschaftlichen Inhalts unerläßlich. Leider zählt diese Gruppe von Texten zu den Handschriften, für die entweder keinerlei Beschreibung vorhanden sind oder nur heute ganz unzulänglich erscheinende des vergangenen Jahrhunderts. Erst eine sich auf dem gegenwärtigen Wissensstand bewegende Erschließung dieser Manuskripte würde die Ausleuchtung dieses Kapitels der Leipziger Universitätsgeschichte ermöglichen.

6 Die einzige Arbeit, die über die Astronomie der ersten Jahrhunderte der Universität Auskunft gibt, ist der Beitrag von Maria Schwarzburger in der Festschrift zum 550. Gründungsjubiläum der Leipziger Alma mater: Die Mathematikerpersönlichkeiten der Universität Leipzig 1409–1945. In: Karl-Marx-Universität Leipzig 1409–1959. Beiträge zur Universitätsgeschichte. 1. Bd., S. 350–373. Leider wird hier auf die Verwendung des reichlichen handschriftlichen und gedruckten Quellenmaterials fast ganz verzichtet. Zudem haben sich eine Reihe von gravierenden Irrtümern eingeschlichen, was die Benutzung des Beitrags erschwert. Der in der Festschrift „100 Jahre Mathematisches Seminar der Karl-Marx-Universität Leipzig“ (Berlin 1981) erschienene Aufsatz von W. Purkert

Die Beschäftigung mit der bekanntlich zu den an der philosophischen Fakultät gelehrten sieben freien Künsten zählenden Astronomie trägt im Leipzig des 15. Jh. den gleichen Charakter wie an den anderen europäischen Hochschulen des gleichen Zeitraums (sieht man von einer gewissen Ausnahmestellung Wiens und Krakaus ab): Wie die gesamten Naturwissenschaften wird auch die Astronomie auf streng aristotelischen Grundlagen betrieben, d. h. die Lehre besteht in der Vermittlung des Inhalts der von Aristoteles überkommenen Bücher zur Physik. Verwendung darüber hinaus finden noch Sacroboscos „Sphaera mundi" und die Schrift „Theoria Planetarum".[7] Als selbstverständlich gilt auch das enge Ineinander von Astronomie und Astrologie und deren Verbindung mit der Medizin (Iatromathematik)[8]. Hier nimmt Leipzig im Ausgang des 15. Jh. über-

„Die Mathematik an der Universität Leipzig von ihrer Gründung bis zum zweiten Drittel des 19. Jh." (S. 9–41) bietet für unser Thema keinen Erkenntnisfortschritt. Auch die neueste Darstellung von Mieczyslaw Markowski beschränkt sich auf die Wiedergabe der einschlägigen statuarischen Bestimmungen (Die Geschichte der Mathematik und Naturwissenschaften im 15. Jh. an den mitteleuropäischen Universitäten. Das Lehrprogramm. Der Stand der Registrierungsarbeiten der handschriftlichen Quellen. In: Studia Mediewistyczne. 22, z. 2. Wroclaw 1983, zu Leipzig s. S. 16.

7 Vgl. dazu die einschlägigen Bestimmungen der Statuten der Artistenfakultät (Die Statutenbücher der Universität Leipzig aus den ersten 150 Jahren ihres Bestehens. Hrsg. von Friedrich Zarncke. Leipzig 1861, S. 303 ff.). Die Statuten aus dem Jahre 1410 verlangen für den Erwerb des Baccalaureats die Kenntnis des Sacrobosco, für die Erlangung der Magisterwürde die der „Theorica planetarum". Die Dauer der Vorlesungen, an der sich im gesamten 15. Jh. nichts änderte, war auf 5–6 Wochen beschränkt. Daß man sich auch in der Praxis daran hielt, beweisen die überlieferten Aufstellungen einzelner Studenten über die von ihnen besuchten Vorlesungen (vgl. u. a. Rudolf Helssig: Die wissenschaftlichen Vorbedingungen für Baccalaureat in artibus und Magisterium im ersten Jahrhundert der Universität. In: Beiträge zur Geschichte der Universität Leipzig im 15. Jh. Leipzig 1909.). Von größtem Interesse für unser Wissen um die in Leipzig vertretene Naturphilosophie wäre die Kenntnis der hier verwendeten Kommentare zu den naturwissenschaftlichen Schriften des Aristoteles. Die im Besitz der Artistenfakultät befindliche Bibliothek, deren Rekonstruktion vor kurzem abgeschlossen wurde, enthält von folgenden Autoren Kommentare zur „Physik": Averroes, Thomas v. Aquino, Walter Burley, Ägidius Romanus, Marsilius v. Ingen, Robert Grosseteste, Johannes Aurifaber, Bartholomäus v. Brügge (Questiones), Heinrich Totting v. Oyta, Johannes v. Jandun (Quaestiones). Neben diesen Buchbeständen befanden sich in Leipzig allerdings noch mehrere andere Bibliotheken.

8 Vgl. Karl Sudhoff: Die medizinische Fakultät zu Leipzig im ersten Jahrhundert der Universität. Leipzig 1909, S. 125 ff. Zum allgemeinen Problem der Astrologie an den spätmittelalterlichen Universitäten vgl. jetzt: Mieczyslaw Mar-

haupt eine Spitzenstellung ein: Allein zwischen 1480 und 1500 erscheinen in der Stadt rund 70 Prognostiken, die von Gelehrten der eigenen Universität verfaßt wurden.[9] Daß diese Erzeugnisse weithin einen guten Ruf besaßen, zeigt die große Zahl der Nachdrucke in anderen deutschen Städten, so in Nürnberg, Mainz, Passau, Magdeburg, Lübeck und Erfurt[10]. Schon lassen sich aber (besonders unter dem Einfluß der Schriften des Pico della Mirandola) Stimmen gegen diese enorme Bedeutung der Astrologie vernehmen. In diesem Zusammenhang ist vor allem Martin Pollich von Mellerstadt zu nennen, der in einem damals aufsehenerregenden Streit mit dem Leipziger Arzt Simon Pistoris seine Skepsis über Sinn und Nutzen der Astrologie zum Ausdruck brachte.[11] Das Ringen um die Verdrängung der Astrologie und Iatromathematik aus den Hörsälen der Universität hielt freilich noch bis ins 17. Jh. an, blieb doch auch deren Einfluß auf alle Volksschichten bis hin zu den Gelehrten ein ganz enormer.

Immerhin können die neuen, mit den Namen Peuerbach und Regiomontan verbundenen Strömungen auf dem Gebiet der Astronomie, die sich durch den Rückgriff auf die antiken Quellen und durch das Bemühen um die Sammlung neuer, umfassender Beobachtungsmaterialien auszeichneten, auch in Leipzig nicht ganz unbekannt geblieben sein. Regiomontan selbst hatte 1447–1450 in Leipzig studiert[12], und wenn auch die ihm hier vermittelten Anregungen be-

kowski: Der Standpunkt der Gelehrten des späten Mittelalters und der Renaissance dem astrologischen Determinismus gegenüber. In: Studia Mediewistyczne. 23, z. 1 (1984), S. 11–14. Markowski weist übrigens darauf hin, daß die Astrologie auf verschiedene Wissenschaften (Medizin, Metereologie) einen befruchtenden Einfluß ausgeübt habe.

9 Vgl. Ernst Zinner: Geschichte und Bibliographie der astronomischen Literatur in Deutschland zur Zeit der Renaissance. Leipzig 1941. In der Zahl dieser Publikationen vermag keine andere Stadt des deutschsprachigen Raumes in jener Zeit mit Leipzig zu konkurrieren.

10 Dabei bildete dieser lukrative Markt oft einen Schauplatz wilder Konkurrenzkämpfe zwischen den Autoren der verschiedenen Prognostica. Einen kleinen Einblick in diese Vorgänge gewährt uns der Streit zwischen Wenzel Faber von Budweis (s. u.) und Paulus Eck um den Wahrheitsgehalt ihrer Vorhersagen (s. K. Haebler: Paulus Eck gegen Wenzel Faber. In: Zeitschr. für Bücherfreunde. N. F. 6 (1914/15), S. 200–204).

11 Vgl. die ausführlichen Darstellungen dieses Streites in folgenden Arbeiten: Gustav Bauch: Geschichte des Leipziger Frühhumanismus (Beihefte zum Centralblatt für Bibliothekswesen, XXII) Leipzig 1899, S. 96 ff. (zu Mellerstadts Haltung zur Astrologie s. auch S. 8 ff.); Karl Sudhoff, a. a. O. S. 135 ff.

12 Zu Regiomontans Studienzeit in Leipzig vgl. Ernst Zinner: Leben und Wirken des Johannes Müller von Königsberg genannt Regiomontanus (Schriftenreihe zur bayrischen Landesgeschichte. Bd. 31) München 1938, Osnabrück 1968², S. 9–12. Die bei Zinner erwähnte Hs 1475 der UB Leipzig enthält zwar auf Leip-

scheidener Natur gewesen sein dürften, so ist ihm die Erinnerung daran später nicht verloren gegangen. Davon zeugt ein sich noch heute in der UB Leipzig befindliches Exemplar von Regiomontans gegen Sabbioneta gerichteten Schrift „Dialogus inter Viennensem et Cracoviensem" mit der eigenhändigen an die Leipziger philosophische Fakultät gerichteten Widmung des Verfassers.[13] Diesem Druck beigebunden ist Regiomontans Ausgabe von Peuerbachs Hauptwerk „Theoricae novae planetarum".[14] Bereits 1475, ein Jahr nach seinem Erscheinen, wurde Regiomontans lateinischer Kalender, der in seiner deutschen Fassung den Namen des Franken volkstümlich werden ließ, von der Artistenfakultät angekauft.[14a] Der starken Nachfrage wegen kursierten bald Abschriften des Kalenders, wofür sich in der 1490 dem Kleinen Kolleg hinterlassenen Bibliothek des Johannes Kleine von Löbau ein schönes Beispiel findet.[15] Verfügbar waren auch Regiomontans „Ephemeriden" von 1474[16] und seine „Epitome in almagestum Ptolomaei" (Venedig 1496), wenn wir hier auch keine genauen Erwerbungsdaten besitzen. Daß mit dieser Literatur auch gearbeitet wurde, beweist ein heute in Wien befindliches handschriftliches Exemplar von Peuerbachs „Theoricae" aus dem Besitz des Leipziger Astronomen Konrad Tockler (s. u.), das von ihm mit einem ausführlichen Kommentar und mit zahlreichen Skizzen versehen wurde. Es könnte sich dabei um die Reinschrift einer seiner Vorlesungen handeln.[17]

zig bezogene Berechnungen der Planetenstandorte, ist jedoch erst 1543 in den Besitz der Universität gekommen. Der Beitrag von Hans Wußing zum Regiomontan-Symposium in Wien (1976) gibt allein den von Zinner erreichten Kenntnisstand wieder (H. Wußing: Regiomontanus in Leipzig. In: Regiomontanus-Studien. Sitzungsberichte der Phil.-hist. Klasse der Österreichischen Akademie der Wissenschaften. 365. Bd. Wien 1980, S. 167–174).

13 Lib. sep. 962. Es handelt sich um die in Regiomontans eigener Druckerei erschienene Ausgabe (Nürnberg 1474 oder 1475).

14 Nach einer Matrikel-Eintragung ist der Band im Sommersemester 1475 von der Fakultät gekauft worden (s. Georg Erler: Die Matrikel der Universität Leipzig 1409–1559 (Codex diplomaticus Saxoniae regiae, 2. Hauptteil, 16.–18. Bd.), Bd. 2, Leipzig 1897, S. 246. Daß es sich bei der dort erwähnten „Theorica planetarum" tatsächlich um Peuerbachs Werk handelt, beweist die eindeutige Eintragung im Bücherverzeichnis der Fakultät von 1480 (unter der Signatur Phil. Fak. B XIV im Universitätsarchiv Leipzig).

14a Ed. vett. s. a. m. 84. Im Einbanddeckel die Notiz: Sub decanatu magistri Lintcz 1475.

15 Ms 158, Bl. 342r–370r.

16 Ed. vett. 1474,9. Der Band enthält den Besitzeintrag des Matthias Frawendienst de Sweydenitz. M. Frawendienst wurde im Sommersemester 1467 in Leipzig immatrikuliert und war im Wintersemester 1494/95 Rektor der Universität.

17 Cod. 5274 der Österreichischen Nationalbibliothek (Bl. 57r–120v). Vgl. Günther

Einzelne Vertreter der Astronomie, über die sich wenigstens einige wenige Angaben mitteilen ließen, treten erst in der zweiten Hälfte des 15. Jh. hervor. Ohnehin muß beachtet werden, daß in Leipzig bis zur Mitte des 16. Jh. noch keine fachgebundenen Professuren existierten, d. h. jeder Dozent hatte zumindest im Prinzip in jedem Semester ein anderes Stoffgebiet zu vermitteln.[18] Der erste etwas greifbarere Name ist der des Johannes Tolhopf. Sudhoff vermutet[19], daß seine Tätigkeit in Leipzig im Zusammenhang mit der 1471 erfolgten Kritik der beiden Landesherrn Ernst und Albrecht am Fehlen astronomischer und mathematischer Vorlesungen zu sehen ist: „Wir vernehmen auch, das iczt in unser hoenschulen keyner in der astronomei unde mathematica nüczlichen noch flißlichen leße, adder etwas practicire, das auch eine ringerunge bringet der universitet; wollet mit den egnanten collegiaten auch reden . . . das ymands sich undir yn der egnanten kunste unde practica anneme, adder ymands sollichs zcu thun zcu sich czyhen, der in dem underwyßung thue unde prakticire . . ."[20] Über Tolhopfs Wirken in Leipzig ist uns jedoch nichts bekannt. Schon ab 1472 war er zugleich an der Universität Ingolstadt tätig, um schließlich später als Astrologe an den Hof des den Künsten und Wissenschaften aufgeschlossenen gegenüberstehenden Ungarnkönigs Matthias Corvinus zu gehen. Es hat sich noch ein Brief des Herrschers an Ernst und Albrecht v. Sachsen erhalten, in dem er diese darum bittet, Tolhopf noch weiterhin in seinen Diensten zu be-

Hamann: Wiener Handschriften zur Geschichte der Astronomie vor Copernicus und aus seiner Zeit. In: Studia Copernicana. Bd. XIV. Wrocław, Warszawa, Kraków, Gdańsk 1975, S. 45–52, hier S. 48. Eine ausführliche Beschreibung bietet folgender Katalog: Wissenschaft im Mittelalter. Ausstellung von Handschriften und Inkunabeln der österreichischen Nationalbibliothek. 22. 5.–18. 10. 1975. Wien 1975, S. 226 f. Die Handschrift ist mit den Jahren 1503 und 1506 datiert.

18 Da sich entgegen der Angabe von M. Schwarzburger (a. a. O. S. 351) ein Verzeichnis der Vorlesungen und Zuhörer der Jahre 1437–1440 erhalten hat (im Original unter der Signatur Phil. Fak. B 31 im Universitätsarchiv und in einer Abschrift des Pfarrers J. J. Vogel aus dem frühen 18. Jh., Rep. VI, 16 V, Bl. 83 ff. der ehemaligen Leipziger Stadtbibliothek, heute in der UB Leipzig) besitzen wir zwar eine ganze Reihe von Namen der Universitätsangehörigen, die über die „Sphaera" oder „Theorica" lasen, können mit ihnen jedoch keine weiteren Vorstellungen verbinden. Leider hat sich ein ähnliches Verzeichnis aus der Zeit 10 Jahre später, den Jahren von Regiomontans Aufenthalt in Leipzig, nicht erhalten.

19 Sudhoff, a. a. O. S. 40 f.

20 Urkundenbuch der Universität Leipzig von 1409 bis 1555. Hrsg. von Bruno Stübel (Codex diplomaticus Saxoniae Regiae. 2. Hauptteil, XI. Bd.) Leipzig 1879, S. 203 (Schreiben von Ernst und Albrecht an die Universität).

lassen, ohne ihm deshalb seine Leipziger Kollegiatur zu entziehen.[21] Eine in Ofen verfertigte Planetenlehre Tolhopfs befindet sich heute in Wolfenbüttel.[22]

Weit über Leipzigs Grenzen hinaus bekannt geworden ist Wenzel Faber von Budweis[23]. Von 1482 an warf er fast zwei Jahrzehnte Jahr für Jahr jeweils eine deutsche und eine lateinische Vorhersage auf den Markt, die zudem noch oft in anderen Städten nachgedruckt wurde. Keiner der anderen Leipziger Verfasser von Prognostiken, ob Paul Eck, Johannes Virding oder Mellerstadt (vor seiner Wendung gegen die Astrologie), war seiner Konkurrenz gewachsen (82 nachweisbare Veröffentlichungen vor 1500[24]). Auf seine Produktion stützte sich in erster Linie die führende Stellung Leipzigs als Verlagsort astrologischer Schriften. Fabers astronomische Arbeiten dagegen beschränken sich auf zwei schmale Publikationen, auf Tafeln mit dem Verzeichnis der Konjunktionen von Sonne und Mond (1492 und 1499 erschienen) und einen Kommentar zu Sacroboscos „Sphaera mundi" (1499, mehrere Auflagen bis 1508).

Die ersten Leipziger Astronomen, zu deren Leben und Wirken uns eine breitere Quellengrundlage zur Verfügung steht, sind Virgilius Wellendörffer aus Salzburg und Konrad Tockler aus Nürnberg. Beide lehrten über mehrere Jahrzehnte hinweg (Ende 15./Anfang 16. Jh.) an der Universität[25] und veröffentlichten in diesem Zeitraum eine nicht unbeträchtliche Anzahl von Schriften, die aber nur zu einem Teil in das Gebiet der Astronomie fallen. Darüber hinaus hat sich noch eine Reihe von Manuskripten Wellendörffers und Tocklers erhalten, die heute zum Bestand der UB Leipzig gehören.[26] Dieses ganze Mate-

21 Stübel, a. a. O. S. 220 f. (Brief vom 3. 5. 1480). Dem Gesuch wurde nicht stattgegeben (s. Sudhoff, S. 41).

22 Cod. 84.1. Aug. Vgl. Die Handschriften der Herzoglichen Bibliothek zu Wolfenbüttel. 2. Abteilung, Bd. IV, S. 76 f. Wolfenbüttel 1900. Zu den weiteren Schicksalen Tolhopfs vgl. Zinner, Regiomontan, S. 180.

23 Zu seinem Leben und Werk s.: Sudhoff, a. a. O. S. 126 ff.; Ursula Bruckner: Wenzel Faber von Budweis oder Johannes Virdung? In: Beiträge zur Inkunabelkunde. 3. Folge, Bd. 4, S. 123–140 (hier auch weitere Literaturangaben). Ein vollständiges Verzeichnis seiner Veröffentlichungen bis 1500 bietet der GW, Bd. 8, Sp. 191–217. Zu den Publikationen nach 1500 s. Zinner (Bibliographie).

24 Nach den Angaben des GW (s. Anm. 23).

25 Wellendörffer wurde 1487 in Leipzig immatrikuliert und lehrte hier bis zu seinem Tode 1534 (einige weitere Angaben zu seinem Leben finden sich bei Helssig, S. 7 f.). Tockler legte 1494 das Baccalaureatsexamen in Leipzig ab, wurde 1501 Magister und wechselte später in die medizinische Fakultät über. Die von ihm nach seinem Tode 1531 hinterlassenen finanziellen Mittel boten die Möglichkeit, eine dritte medizinische Professur in Leipzig zu begründen (s. Stübel, S. 485; ansonsten Helssig, S. 36 ff.).

26 Wellendörffer hat seine Bibliothek der philosophischen Fakultät hinterlassen (Ein Verzeichnis der Bände befindet sich in dem in Anm. 14 genannten Band

rial ist bisher nicht ausgewertet worden. Für unsere Zwecke mag es genügen, aus den Themen der Texte einige vorsichtige Schlußfolgerungen über den Stand der Astronomie in Leipzig am Beginn des 16. Jh. zu ziehen. Astronomie ist in einem weitgehenden Maße immer noch Astrologie. Jahr für Jahr bringt Tockler die üblichen Praktiken und Kalender heraus, während sich Wellendörfer anscheinend durch das Stellen von Horoskopen Ruf und Einkommen verschaffte[27]. Der Streit zwischen Mellerstadt und Pistoris über die Bedeutung der Astrologie für die Medizin muß jedoch offensichtlich zu eingehenden Reflexionen über die Grundlagen jener ganzen Spekulationen angeregt haben. Darauf weisen einige von Tockler notierte und mit kurzen Bemerkungen versehene Quaestiones aus der Zeit jener Auseinandersetzungen (um 1500) hin: De inventoribus astronomiae et astrologiae, De institutionibus astronomiae, De differentia astronomiae et astrologiae[28]. Diese intensive Beschäftigung mit der Astrologie erforderte nun aber auch die Verfügung über ein möglichst umfassendes und genaues Beobachtungsmaterial. Schon aus diesem Grund kann vermutet werden, daß in Leipzig astronomische Observationen durchgeführt wurden. Immerhin besitzen wir eine von Wellendörffer verfaßte Darstellung des Baus und der Anwendung des Astrolabs[29] und von Tockler die Texte seiner Vorlesungen über den Sonnenquadranten (von 1501)[30] und über Instrumente zur Zeitmessung (1498)[31]. Welche eventuellen Beobachtungen mit welchem Ergebnis mittels dieser Geräte durchgeführt wurden, ließe sich erst nach der Auswertung des erhaltengebliebenen Zahlenmaterials sagen. Wenig kann z. Zt. über die Behandlung des damals entscheidenden Themas der theoretischen Astronomie, der Planetenbewegung, vermutet werden. Hoch im Kurs standen weiterhin die „Theoria Planetarum" und die „Sphaera mundi" des Sacrobosco. Von letzterer Schrift sind Exemplare aus dem Besitz Wellendörffers und Tocklers erhalten

des Universitätsarchivs. Die heutigen Signaturen lauten: Mss 1388, 1463, 1470, 1496, Astr. 170, Hist. Hilfswiss. 151). Zwei weitere Bände Wellendorffers, die schon zu seinen Lebzeiten in den Besitz von Kospar Borner (s. u.) gelangten, sind zusammen mit dessen Bibliothek in der Mitte des 16. Jh. an die UB gekommen (Astr. 96 und 97). Diese Drucke und Handschriften sind nicht nur deshalb interessant, da sie uns zeigen welche Literatur Wellendörffer zur Verfügung stand, sondern auch wegen der Fülle an Marginalien und sonstigen Notizen, mit denen er die Bände versehen hat. Aus dem Besitz Tocklers sind wahrscheinlich einige Drucke, vor allem aber das Ms 1605 in die UB gelangt.

27 Darauf deuten mehrere im Ms 1496 enthaltene deutschsprachige ausführliche Horoskope Wellendörffers.

28 Ms 1605, Bl. 9r.

29 Ms 1496, Bl. 1r–44r.

30 Ms 1605, Bl. 2r–7r.

31 Ms 1605, Bl. 10r–15v.

geblieben[32]. Von Wellendörffer besitzen wir im Ms 1463 zudem noch ein „Utile commentum super theoricas planetarum". An sonstigen Arbeiten zur Planetenbewegung sind u. a. Ibn al-Haitams (Alhazen) „De iudiciis astrorum"[33] und einige Schriften Peuerbachs und Regiomontans[34] nachweisbar.

Wellendörffer und Tockler dürften jedoch eine gewisse Ausnahme gebildet haben[35]; im allgemeinen blieb es um die Pflege der mathematischen Fächer schlecht bestellt. Eine der Hauptursachen dafür bildete die schon erwähnte Sitte des dauernden Wechsels der Dozenten, was der Aneignung des hinlänglichen Spezialwissens im Wege stand. Es lassen sich daher relativ frühzeitig Versuche beobachten, innerhalb der einzelnen Fächer doch eine gewisse Kontinuität zu erhalten. Das beweist für das Gebiet der Mathematik folgende Bestimmung der von der philosophischen Fakultät 1499 vorgenommenen Statutenredaktion: „Quia libri mathematicales fortasse propter paucitatem magistrorum in mathematicalibus exercitatorum raro diligenter legunter et in facultate arcium continuantur, ideo placet, quod decetero singulis mutationibus sub certa mercede, si opus fuerit, deputet aliquos magistros, in mathematicalibus peritos et instructos, ad legendum et continuandum utiliores libros in mathematica . . ."[36] Tockler könnte, wie Helssig vermutete[37], der erste Magister gewesen sein, der regelmäßig über Mathematik gelesen hat[38]. Allerdings scheint Tockler einige

32 Astr. 15. Der Band enthält eine gedruckte Vorlesungsankündigung Tocklers über die „Sphaera mundi" für das Wintersemester 1506/07 (s. auch Sudhoff, S. 87 f.).

33 Astr. 96 (Venedig 1485), von Wellendörfer in Leipzig gekauft.

34 Wellendörfer besaß den Almanach in der Ausgabe von E. Ratoldt, Augsburg 1488. 1496 hat er ihn für 2 rheinische Gulden in Leipzig gekauft (Hist. Hilfswiss. 151, Eintrag im Einbanddeckel). Auf Tocklers Exemplar der „Novae theoricae planetarum" wurde schon hingewiesen.

35 Allerdings wissen wir auch hier noch sehr wenig. Auf dem Gebiet der Mathematik, die uns an dieser Stelle nur in ihrem Zusammenhang mit der Astronomie interessiert, ist wenigstens auf die Namen J. Widmann (vgl. Wolfgang Kaunzner: Über Johannes Widmann von Eger. Ein Beitrag zur Geschichte der Rechenkunst im ausgehenden Mittelalter [Veröffentlichungen des Forschungsinstituts des Deutschen Museums für die Geschichte der Naturwissenschaften und der Technik. Reihe C: Quellentexte und Übersetzungen, Nr. 7] o. O. 1968), A. Alexander (vgl. den Artikel von Kurt Vogel in der NDB, 1. Bd., S. 195 f.) und S. Eysmann hinzuweisen.

36 Zarncke, Statutenbücher, a. a. O. S. 455 f. Dies entspricht den im Auftrag von Herzog Georg durch Bischof Thilo v. Merseburg erlassenen Reformbestimmungen aus dem Jahre 1496 (s. Statutenbücher, S. 22).

37 Helssig, a. a. O. S. 37 f.

38 Darauf deutet eine Bemerkung Tocklers in der Widmung eines seiner Bücher (gerichtet an Sixtus Pfeffer de Werdea): „ob id, cum nuper ex quadam salubri institutione nostrae insignis Lipsiensis academiae tu ipse non minimus et ser-

Porträt Philipp Müllers im Stammbuch des Leipziger Professors der Poesie Johannes Frenzel (1609–1674). Das außerordentlich reichhaltig illustrierte Stammbuch enthält u. a. die Bildnisse zahlreicher Leipziger Persönlichkeiten aus der Mitte des 17. Jh. Während eine erste Eintragung Müllers vom 26. 9. 1648 (Bl. 142v) keinerlei künstlerisches Beiwerk besitzt, sind die auf der danebenstehenden Seite (Bl. 143r) enthaltenen auf den 25. 8. 1651 datierten Zeilen Müllers mit seinem Porträt und der Darstellung einer Armillarsphäre mit verbrennendem Phönix ausgeschmückt worden (gemalt von Margaretha Rastrum aus Pegau). Das Stammbuch wurde 1890 von der Leipziger Stadtbibliothek erworben und befindet sich heute in der Leipziger Universitätsbibliothek (Rep. IV, 88d). Aufnahme von Volkmar Herre

Jahre später aus uns unbekannten Gründen am herzoglichen Hof in Ungnade gefallen zu sein. Wir erfahren darüber nur nebenbei in einem nach 1509 ergangenen Bericht der Universität an Herzog Georg, in dem zur „versonung des unwillens" zwischen dem Herzog und Tockler aufgerufen wird. Weiter heißt es dann: „Unnd dieweyl e.f.g. lobliche universitet in der mathematica gantz gefallen, so kan dieser obgemelter doctor darin troestlich erfunden werden und erscheynenn."[39]

Trotz aller Klagen scheint das Wirken Wellendörffers und Tocklers einen ersten Höhepunkt in der Geschichte der Astronomie in Leipzig gebildet zu haben. Nach ihnen[40] wird es wieder ziemlich still, was aber auch dem allgemeinen deutlichen Niedergang der Leipziger Universität seit dem Beginn der zwanziger Jahre des 16. Jh. entspricht. Zwar bringt der durch seine wesentliche Beteiligung an der späteren Reformation der Universität bekannt gewordene Kaspar Borner der Geographie, Mathematik und Astronomie lebhaftes Interesse entgegen[41], jedoch scheint dieses stärker rezipierender als produzierender Natur gewesen zu sein.[42] Für die Entwicklung der Naturwissenschaften an den protestantischen Hochschulen ist für die nächsten anderthalb Jahrhunderte bekannt-

vulum tuum quamvis indignum ad has lectiones quae introductionis modo ad mathematicam conducunt, promptum diceres profecto ingens labor meis humeris impositus." (nach Helssig, a. a. O. S. 37).

39 Stübel, a. a. O. S. 370. Tockler promovierte 1512 zum Doktor der Medizin. Wir besitzen keine Nachricht darüber, daß er sich später mit Mathematik oder Astronomie beschäftigt hat.

40 Mit dem Hinweis auf Wellendörffers und Tocklers Tätigkeiten auf astronomischem Gebiet ist ihr Wirken nur zum Teil erfaßt. So ist Wellendörffer der Verfasser der ersten sich vom aristotelischen Vorbild lösenden Metereologie (Decalogium de Metheorologicis impressionibus et mirabilibus nature operibus. Leipzig 1507. Vgl. dazu G. Hellmann: Beiträge zur Geschichte der Meteorologie. 2. Bd. Berlin 1917, S. 47 u. 69).

41 Seine Zuneigung zur Astronomie erwähnt Borner in einer handschriftlichen Bemerkung, die einer der ihm von Wellendörffer geschenkten Bände enthält (Astr. 96). Dieser habe ihm das Buch überlassen, nachdem er davon gehört hatte, daß Borner seine Zeit mit astronomischen Studien verbringe.

42 Die einzige neuere Biographie Borners ist immer noch die Darstellung von Richard Kallmeyer: Caspar Borner in seiner Bedeutung für die Reformation und die Leipziger Universität. Leipzig 1909 (zu Borners Arbeiten auf dem Gebiet der Mathematik s. S. 22 ff.). Aus Borners Besitz stammt auch die umfangreiche Hs 1469. Im Vorderdeckel heißt es: Ex Reineriana bibliotheca mihi donatum 1521. Der Band enthält über 50 kleinere Texte zur Astronomie, zum Bau astronomischer Instrumente, zur Mathematik und zur Musiktheorie. Eine von Borner verfaßte Arbeit mit dem Titel „Utilitates globi syderei" (datiert März 1519) befindet sich in der Hs 1489 (Bl. 1r–9r).

lich das Wirken Melanchthons entscheidend gewesen. Im Gegensatz zu den anderen Reformatoren, ob Luther, Zwingli oder Calvin, bewegte ihn eine intensive Anteilnahme an den Naturwissenschaften, die ihren Niederschlag in mehreren immer wieder aufgelegten, fast schon kanonisches Ansehen genießenden Schriften fand. Der Geist, in dem diese Bücher geschrieben waren – für die Astronomie bringt die „Initia doctrinae physicae" die wesentlichen Aussagen – stand freilich noch weit entfernt vom Charakter der modernen Naturwissenschaften. Es ist hier nicht der Platz, das komplizierte Problem des Verhältnisses von Reformation und Renaissance zur Herausbildung der neuen Naturwissenschaft zu behandeln. Tatsache bleibt, daß Melanchthon mit seiner Anknüpfung an die aristotelische Naturphilosophie retardierend auf jene Entwicklung wirkte. Die Theorie des Kopernikus hat er, wenn auch in später gemilderter Schärfe, entschieden abgelehnt. Eine Förderung und Bestätigung erfuhr die Astrologie, deren erklärter Anhänger Melanchthon (im Gegensatz zu Luther) bis zuletzt blieb.[43] Die nach der Durchführung der Reformation im albertinischen Sachsen reorganisierte Leipziger Universität (nach 1539) hat sich auf dem Gebiet der Naturwissenschaften im wesentlichen in den von Melanchthon vorgegebenen Bahnen bewegt. Daran hat auch das heute allerdings ganz im Dunkeln liegende Wirken des Joachim Rhaeticus in Leipzig nichts ändern können.[44] Von 1542 bis 1551 (mit einer Unterbrechung in den Jahren 1545–1548, die Rhaeticus in Italien und der Schweiz verbrachte) hat er hier als Professor der Mathematik gelehrt. Wir wissen nicht, was er vorgetragen hat, vor allem nicht, ob er versuchte, die Lehren des Kopernikus zu verbreiten. Uns ist einzig überliefert, daß er 1549 den Euklid gelesen hat[45], daß er einen deutschen Kalender und einen Band mit

43 Vgl. Emil Wohlwill: Melanchthon und Copernicus. In: Mitteilungen zur Geschichte der Medizin und der Naturwissenschaft. 3. Jg. (1904), S. 260–267. Zu Luthers Verhältnis zur Astronomie vgl. neuerdings einen Aufsatz von Diedrich Wattenberg: Martin Luther und die Astronomie. In: Themen Luthers als Fragen der Kirche heute. Hrsg. von J. Rogge und G. Schille. Berlin 1982, S. 149–170. Wilhelm Maurer (Melanchthon und die Naturwissenschaften seiner Zeit. In: Archiv für Kulturgeschichte. 44. Bd. [1962], S. 199–226) weist auf die gerade bei Problemen der Naturwissenschaften zu verfolgende starke Abhängigkeit Melanchthons von mittelalterlichen (neuplatonischen) Traditionen hin. Vgl. auch Anm. 52a.

44 Alle bekannten Angaben über Rhaeticus' Leben und Wirken in Leipzig finden sich in der z. Zt. maßgeblichen Rhaeticus-Biographie von Karl-Heinz Burmeister: Georg Joachim Rhaeticus. Eine Bio-Bibliographie. 3 Bde. Wiesbaden 1967–1968. S. im 1. Bd. die S. 81–94 und 100–119. Die in dieser Beziehung relevanten Briefe enthält der 3. Bd.

45 Damit in Zusammenhang steht eine von Rhaeticus besorgte griechisch-lateinische Edition des Euklid aus dem Jahre 1549. Daß auch hier durch die Erschließung

den Ephemeriden für 1551 drucken ließ und schließlich sein wichtiges Werk „Canon doctrinae triangulorum" edierte. Im April 1551 ist er vor der Anschuldigung, den Sohn eines Leipziger Kaufmanns homosexuell mißbraucht zu haben, nach Prag geflohen. Ein Jahr später erfolgte seine Relegierung von der Universität auf 101 Jahre. Rhaeticus hat in Leipzig zumindest einen Schüler gehabt (wenn auch wohl nur für kurze Zeit), der dann auch sein Nachfolger wurde – Johannes Hommel aus Memmingen[46]. Leider hat dieser vielseitig begabte Gelehrte, dem ein nachwirkender Beitrag zur Wissenschaftsgeschichte jedoch versagt geblieben ist, bisher keinen Biographen gefunden[47]. Er steht an den Anfängen der Entwicklung der Karthographie in Sachsen[48] und ist zugleich auch mit dem Bau und der Anwendung von Meßinstrumenten aller Art hervorgetreten[49]. Interessanter für uns ist freilich die Frage, wie Hommel auf die

der noch an vielen Orten befindlichen unaufgearbeiteten Handschriftenbestände eine Erweiterung unseres Wissens zu erwarten ist, zeigt das Beispiel der Zwikkauer Ratsschulbibliothek, in der sich ein Burmeister unbekannt gebliebener Band mit Nachschriften der Vorlesungen des Rhaeticus aus seiner Leipziger Zeit erhalten hat (nach der Angabe von Paul Oskar Kristeller: Iter Italicum. Vol. III. London, Leiden 1983, S. 442).

46 Geb. 1518, gest. 1562, Studium in Wittenberg, 1551 Nachfolger des Rhaeticus in Leipzig, in Anerkennung seiner Kunstfertigkeit im Bau mechanischer Instrumente von Karl V. geadelt, Schwiegersohn des Camerarius.

47 Die einzige Ausnahme bildet J. Georg Schelhorn: De vita et meritis Joannis Homelii. In: J. G. Schelhorn: Amoenitates Literariae. 14. Vol. S. 403–477. Frankfurt/M., Leipzig 1731. Ansonsten ist neben dem Artikel in der ADB auf die Darstellung von E. F. Vogel im Ersch-Gruber, 2. Sektion, 10. Teil, S. 261–264 hinzuweisen. Das Fehlen einer Biographie beklagt schon Schelhorn (S. 404). Er selbst begnügt sich jedoch in der Hauptsache mit dem Abdruck verschiedener Urkunden. Über Hommels Tätigkeit in Leipzig erfahren wir nur, daß er sich intensiv mit der sächsischen Landeskunde beschäftigte und den Plan gefaßt hätte „picturam aliquando hujus regionis vel mappam chorographicam edere." Weiter wird nur seine Heirat mit einer Tochter des Camerarius und sein Tod erwähnt.

48 Vgl. Hans Beschoner: Zur ältesten Geschichte der sächsischen Kartographie. In: Neues Archiv für sächsische Geschichte. 23. Jg. (1902), S. 297–318; Ludwig Schmidt: Zur Geschichte der Kartographie unter Kurfürst August von Sachsen. In: Neues Archiv f. sächsische Gesch. 20. Jg. (1899), S. 155 ff.

49 Vgl. Ernst Zinner: Deutsche und Niederländische astronomische Instrumente des 11.–18. Jh. München 1956, S. 209 u. 388 f. Besondere Verdienste scheint sich Hommel um die Theorie der Sonnenuhr erworben zu haben. Sein Schüler Scultetus berichtet darüber: „Dieser als er mit höchstem fleiß viel Jahr mit den Gnomonicis meditationibus und newen inventionibus umbgangen ist er endlich in den letzten Jahren kurtz vor seinem Tode auff den rechten grund dieser doctrin

kopernikanischen, in ihren Konsequenzen der neoscholastischen Schulphilosophie des Protestantismus entgegenlaufenden Ideen reagierte, sind sie ihm doch durch Rhaeticus sozusagen aus erster Hand vermittelt worden. Zwar hat Hommel nichts publiziert, woraus u. a. auch seine geringe Beachtung in der Wissenschaftsgeschichte resultiert, aber immerhin ist uns aus seinem Nachlaß eine ganze Anzahl von Manuskripten überkommen. Sie sind über mehrere Zwischenstationen, so die Bibliotheken der Altdorfer Mathematikprofessoren J. Praetorius und P. Saxonius, in die Stadtbibliothek Schweinfurth und die Universitätsbibliothek Erlangen gelangt.[49a] Die aus dem Besitz Hommels stammenden Bände enthalten in der Hauptsache Arbeiten über den Bau und die Anwendung von Sonnenuhren und anderen Instrumenten, Übersetzungen astronomischer Werke antiker Autoren und Kommentare dazu sowie, hier wächst unsere Aufmerksamkeit, eigene Beobachtungen der Planetenbewegungen, die Hommel mit den von Kopernikus erzielten Ergebnissen verglichen hat. Bedeutender noch ist Hommels Privatexemplar des kopernikanischen Hauptwerkes, das er mit einer Fülle von Marginalien versehen hatte[50]. Der Band selbst ist zwar verlorengegangen, erhalten hat sich aber eine Abschrift jener Randbemerkungen, die von Hommels Schüler Bartholomäus Scultetus angefertigt wurde[51]. Sie enthält die Buch für Buch und Kapitel für Kapitel niedergeschriebenen, anscheinend z. T. auch auf eigenen astronomischen Beobachtungen beruhenden Notizen Hommels, deren Auswertung allerdings nur im genauen Vergleich mit den entsprechenden Passagen aus „De Revolutionibus" erfolgen könnte. Dem Text voran steht jedoch das auf drei Sätze gebrachte „Iudicium de Copernici Astronomia nova" des Leipziger Professors: „1. Copernicus de coelo aut nihil observavit aut observationum *την ἀστένιαν* (ut Ptolemaico more (?) loquamur) non intel-

komen." (B. Scultetus: Gnomonice de solariis, sive doctrina practica tertiae partis Astronomiae. Von allerley Solarien . . . Görlitz 1572, Vorrede).

49a Das sich heute in der Wiener Nationalbibliothek befindliche Verzeichnis des Nachlasses des Petrus Saxonius ist von Zinner veröffentlicht worden (E. Zinner: Entstehung und Ausbreitung der Coppernicanischen Lehre. 74. Sitzungsbericht der Physikalisch-medizinischen Sozietät. Erlangen 1943, S. 428–448).

50 Das Werk des Kopernikus ist übrigens noch 1543, also sofort nach seinem Erscheinen, von der Leipziger Philosophischen Fakultät gekauft worden. Dieses Exemplar ist heute nicht mehr im Universitätsbesitz nachweisbar. Erhalten hat sich jedoch eine entsprechende Notiz, die später in das in der Leipziger UB befindliche, aus Keplers Besitz stammende Exemplar der „De revolutionibus" eingeklebt wurde.

51 Diese Abschrift befindet sich heute in der Staatsbibliothek Bamberg (J. H. Msc. astr. 3). Nach einer Angabe des Scultetus (auf Bl. 15r) wurde die Abschrift am 13. 9. 1562, also nach dem Tode Hommels, angefertigt. Ihr Umfang beträgt 15 beschriebene Blätter.

lexit. 2 Leges Dialecticorum περι τῆς ἐπιστημης destruxit. 3. Physicorum praecepta evertit: nam Physicam veram suam terrae conversionem contendit"[52]. Hommels Urteil geht damit konform mit den sich auf die aristotelische Physik stützenden ablehnenden zeitgenössischen Stellungnahmen zu dem Werk des Kopernikus. Immerhin ist er einer der wenigen Astronomen der zweiten Hälfte des 16. Jh., die dem neuen Weltbild überhaupt eine ernsthaftere Beachtung zollten.[52a] Der gegen den Thorner gerichtete Vorwurf, mangelhafte Beobachtungen verwendet zu haben, war zudem nicht von der Hand zu weisen. Das Bemühen um die Sammlung zuverlässiger Observationsergebnisse spielte in den kommenden Jahrzehnten nicht umsonst eine wichtige Rolle. Bekanntlich haben erst Brahes Arbeiten die entscheidende Grundlage für die dann von Kepler erfolgte Beweisführung des kopernikanischen Weltbildes geliefert. An dieser weiteren Entwicklung der Astronomie ist Hommel übrigens auch in direkter Hinsicht beteiligt gewesen: Unter der Anleitung von Hommel und Scultetus hat Brahe während seines Studiums in Leipzig (1562–1565) mit den eben erwähnten Beobachtungen begonnen, die er über einen Zeitraum von fast vier Jahrzehnten fortführen sollte[53].

52 J. H. Msc. astr. 3, Bl. 1r

52a Trotz der Arbeiten Zinners ist die Geschichte der Astronomie in Deutschland in der 2. Hälfte des 16. Jh. noch ungenügend geklärt. Nach einer erst noch durch Spezialforschungen zu bestätigenden oder zu modifizierenden These von J. R .Christianson (Copernicus and the Lutherans. In: Sixteenth Century Journal, IV, 2 [1973], 1–10) war diese Zeit im Bereich des Luthertums durch eine „school of geostatic Copernican studies" (S. 6) bestimmt, deren nicht geringe Bedeutung für die Wissenschaftsgeschichte noch nicht erkannt worden sei. Ihre Vertreter, der bedeutendste war Tycho Brahe, hätten Kopernikus allein als Mathematiker anerkannt, sein heliozentrisches Weltbild jedoch abgelehnt bzw. ignoriert. Christianson verweist in diesem Zusammenhang auf das im europäischen Vergleich als herausragend zu charakterisierende Niveau der astronomischen Bildung an den von Melanchthon beeinflußten lutherischen Universitäten. Dadurch sei in Deutschland auch unter den allgemeingebildeten Kreisen eine stärkere Aufgeschlossenheit für astronomische Fragen vorhanden gewesen. Allerdings überbetont m. E. Christianson die Bedeutung der konfessionellen Einflüsse bzw. die Rolle der von Melanchthon initiierten Universitätsreform. An den deutschen Universitäten genoß die Pflege der Astronomie auch schon vor der Einführung der Reformation eine nicht zu unterschätzende Beachtung. Das zeigt auch das Leipziger Beispiel.

53 Scultetus schreibt darüber nach dem Tode Brahes (1601) in einem Brief: „Vor 38 Jahren hat er zu Leipzig die fundamenta seiner Profession von mir erlernt, ut testantur illius literae saepius ad me datae." (Zitat nach M. Gräve: Bartholomäus Scultetus, Bürgermeister zu Görlitz. In: Neues Lausitzer Magazin. 3. Bd. [1824], S. 455–505, hier S. 484).

Nach dem Tode Hommels und dem Weggang seines begabten Schülers B. Scultetus[54] schrumpft an der Leipziger Hochschule das Interesse für die Astronomie auf ein bescheidenes Maß zusammen. Die Buchproduktion beschränkt sich im wesentlichen auf die unermüdlich in reicher Auswahl erscheinenden Kalender und Prognostiken. Dazu kommen einige Auflagen von damaligen Grundlagenwerken, die sich streng am ptolemäischen Weltbild orientierten, wie z. B. die „Initia doctrinae physicae" Melanchthons und die „Epitome doctrinae de primo motu" Victor Strigels[55]. Bedingt durch die sich an ihr Erscheinen anknüpfenden astrologischen Spekulationen spielt selbstverständlich auch die Beschäftigung mit Kometen eine erhebliche Rolle. Sogar der bedeutendste Leipziger Gelehrte des 16. Jh., Joachim Camerarius, sah sich veranlaßt, zu diesem Thema eine Schrift ins Land gehen zu lassen, die in den folgenden Jahrzehnten eine mehrmalige Neuauflage erlebte.[56] Der Zeit entsprechend gilt als ganz selbstverständlich, daß die Kometen einen erheblichen Einfluß auf die irdischen Verhältnisse ausüben. Ungebrochen ist auch die erst durch Brahes Beobachtungen widerlegte Auffassung von der Natur der Kometen: Sie entstünden aus Ausdünstungen der Erde, die sich bei einer bestimmten Konstellation der Planeten entzünden würden[57]. Hin und wieder hat man wohl auch diese eindrucksvollen Himmelserscheinungen observiert. Es muß sich dabei allerdings um einen relativ seltenen Vorgang gehandelt haben, berichtet doch V. Steinmetz, daß der Komet von 1577 wegen des Fehlens hinreichender

54 Bartholomäus Scultetus (1532–1614) studierte 1559–1562 bei Hommel, unterrichtete nach dessen Tod noch einige Zeit in Leipzig und ging schließlich in seine Heimatstadt Görlitz zurück. Eine Schilderung seines Aufenthalts in Leipzig gibt er in seinem Buch „Gnomonice" (s. Anm. 49). Zu seinem Leben und Werk s. M. Gräve (s. Anm. 53), wo auf den S. 481 ff. auch die sich auf Scultetus beziehenden Stellen aus älteren Werken abgedruckt sind. E. Zinner (Instrumente), S. 532–534 (hier auch Angaben über weitere neuere Literatur).

55 Erst nach Abschluß der vorliegenden Arbeit wurde mir folgende Publikation von Melchior Gerlach zugänglich: De Sole et Luna. Orationae duae. In Academia Witebergensi et Lipsiensi habitae. Wittenberg 1591. Nach Zinner (Entstehung, S. 275) wird dort gegen die Annahme der Erdbewegung Stellung bezogen. Gerlach lebte lediglich 1584/85 in Leipzig (seine Rede hielt er 1585). Eine große Wirksamkeit wird er hier also nicht entfaltet haben.

56 Joachim Camerarius: De eorum qui cometae appellantur, nominibus, natura, caussis, significatione cum historiarum memorabilium illustribus exemplis disputatio atque narratio. Leipzig 1558. Die späteren Ausgaben s. bei Zinner (Bibliographie).

57 Diese Überzeugung vertritt auch eine Schrift von Valentin Steinmetz (Bruder des Leipziger Mathematikers Prof. Moritz Steinmetz): Von dem Cometen welcher im November des 1577. Jars entlich erschienen ... observiret und beschrieben in Leipzig. Leipzig 1577.

Instrumente erst nicht beobachtet werden konnte. Später dann habe man „bequemere und grössere Instrumenten" beschafft[58]. Dem neoscholastischen Charakter der protestantischen Hochschulen entsprechend, beschränkten sich Studium und Lehre der Astronomie ganz auf das Einpauken der überkommenen Autoritäten. Wir besitzen dafür ein eindeutiges Zeugnis in zwei akademischen Reden Christoph Meurers (1585–1616 Prof. d. Mathematik in Leipzig) aus dem Jahre 1596[59]. Es geht ihm um zwei Fragen: Welchen Nutzen erbringt das Studium der Astronomie? Auf welchen Grundlagen ist es zu betreiben? Kurz geht Meurer auf die Bedeutung der Astronomie für Schiffahrt, Landwirtschaft, Dichtung, Historiographie, Astrologie, Kosmographie, Metaphysik und Physik (damit sind selbstredend die entsprechenden Bücher des Aristoteles gemeint) ein, um dann fortzufahren: „Sed his levioribus omissis, perpendamus quantum utilitatis commoditatisque habeat ad nobilissimam medendi artem, generi humano utilissimam, qua nulla gens, nulla natio in hac mortali vita carere potest."[60] Darauf folgt eine sich über fünf Seiten erstreckende Ausführung über die enorme Bedeutung astronomischer Kenntnisse für die praktische Medizin, gestützt auf die Werke von Galen und Hippokrates. Eine ausgedehnte Darstellung jener ganzen Vorstellungswelt erübrigt sich an dieser Stelle. Es ist die ungebrochene Iatromathematik des 15. Jh. Dem Überkommenen verpflichtet ist Meurer auch in seiner Auffassung über die Art und Weise des Astronomiestudiums. Verderblich sei das ungeregelte Herumlesen in den verschiedensten Werken. Wie in den anderen Disziplinen, so habe man sich auch in der Astronomie an die gesicherten Autoritäten zu halten. Die größte Beachtung sei dem Ptolemäus zu zollen. Er habe die Astronomie mit den besten Erfolgen betrieben und sie mit seinen Methoden zur Vollendung gebracht, in einem Maße „ut fere nulli posterorum facultas ulla fuerit illa penitissima Naturae arcana altius animo ac cogitatione rimandi."[61] Für den Schulgebrauch freilich sei nicht die Verwendung solch komplizierter Werke zu empfehlen, sondern das Studium kurzgefaßter, auf ihnen fußender Einführungen. Für das Gebiet der Astronomie kommt für Meurer erwartungsgemäß nur Sacroboscos Büchlein in Frage. Er rühmt dessen knappe Darstellung und didaktische Qualitäten. Allen späteren Publikationen läge daher der Sacrobosco zugrunde. Noch heute sei er neueren Werken vorzuziehen, die, im Umfang weit ausführlicher und behaftet mit verschiedenen „dubitationes", doch nur als „imperfecta et prorsus manca volu-

58 a. a. O., A IV.

59 Christoph Meurer: De astronomia. Oratio prima (et oratio secunda). Ad Auditores huius disciplinae pub. habita. Leipzig 1596. Diese Reden sind bei Zinner (Bibliographie) nicht verzeichnet.

60 Oratio prima, C 3a.

61 Oratio secunda, B.

mina"[62] zu charakterisieren seien. An Stelle der bewährten Autoren versuche man diese zweifelhaften Produkte in Umlauf zu setzen und damit die Köpfe der Lernenden zu verwirren. Aber, so fährt Meurer nach dieser Abschweifung fort, „ad authorem Sphaerae . . . nos denuo conferamus, de quo quidem aperte ac constanter pronunciare non veremur . . ."[63] Gegen wen Meurer hier zielt, wird nicht ausgesprochen. Kopernikus findet nur in einem Nebensatz Erwähnung, als ein „anderer Ptolemäus", als Vorbild eines großen Astronomen. Zur Thematik der astronomischen Beobachtungen und den dazu notwendigen Instrumenten fehlt jede Notiz. Wertschätzung findet allein das Studium der Literatur gesicherter Autoren, jedes Abweichen von diesen gesicherten Pfaden wird mit argwöhnischen Augen betrachtet.[64] Inwieweit freilich dieses einen Eindruck der Stagnation vermittelnde Bild absolut vorherrschte, kann erst durch weitere Quellenforschungen geklärt werden. Hingewiesen sei immerhin auf eine im Mai des Jahres 1601 unter dem Vorsitz von Christoph Hunnichius (1567–1623)

62 Oratio secunda, B 3.

63 Oratio secunda, B 4.

64 Über Meurers Vorlesungstätigkeit gibt das Protokoll der Visitation der Universität von 1609 Auskunft: „D. Christopherus Meuer, Lipsensis, professor Mathematum, ein Man von 50. Jahren, undt hatt das gezeugnüs, das er ein frommer fleißiger Mann sey. Bemelte Professio ist ihm Anno 1584 aufgetragen worden. Lieset Wöchentlich fünff stunden undt hat seither der vorhern Visitation gelesen Methodum metiendi distantias locorum, Doctrinam medicam de Multiplicandis et augendis figuris. Anno 1603. priman partem 1. lib. Euclidis, sphaeram Joh. de Sacrobosco: Explicationem utriusque glob. Anno 1604. Theoriam Planetarum Georgij Purbachi lib. 4 Eucl. Anno 1605. Sphaeram Procli. Anno 1606. Brevissimam Synopsin Arithmeticae, Geometricae, Osticae. Anno 1607. Analysin Geographiae. Anno 1608. Sphaeram Procli et Geometriae Analysin s. Tabulis Comprehensam. Anno 1609. Computationem ambitus globiterreni at alia. Seine stipendium annum ist 150. Der Rath zu Leipzig hat ihn Anno 94 zum ordinario physico bestellet, so ist er noch bey der Universitet aus dem Decemviris." (zitiert nach einer Abschr. des Protokolls im MS 0270, Bl. 24r–24v der UB Leipzig). Wie schon aus dem Zitat hervorgeht war Meurer auch Arzt. Als solcher hat er u. a. eine nicht unbeträchtliche Zahl an populären Schriften zur Seuchenverhütung verfaßt. Diese Seite seines Wirkens braucht uns hier jedoch nicht zu beschäftigen. Ein recht negatives Bild Meurers zeichnet Sethus Calvisius in seinen Briefen an Kepler. Darüber wird mehr im nächsten Kapitel zu sprechen sein. Hier sei nur auf eine Briefpassage hingewiesen, in der Calvisius auf den Verfall der astronomischen Studien, was auch die Verbreitung von Keplers Werken in Leipzig sehr erschwere, eingeht und dafür auch Meurer verantwortlich macht: „Et sane hoc studium astronomicum plane friget, cum Mathematicum habemus qui vel in Arithmeticis docendis nunquam fractionum doctrinam proposuerit, unde de reliquis conjecturam facere poteris." (Kepler, GW, Bd. 16, S. 49; Brief vom 23. 8. 1607)

in Leipzig stattgefundene Disputation zu dem Thema „De situ quiete, figura et magnetudine globi terrestris". Zur Person des Hunnichius sei vermerkt, daß er in Leipzig studierte, hier mehrer Jahre als Magister an der philosophischen Fakultät wirkte und später als Rektor des Stettiner Gymnasiums tätig war. Unter der Signatur Ms 0387 hat sich in der UB Leipzig ein Band Nachschriften seiner in Stettin gehaltenen astronomischen und mathematischen Vorlesungen erhalten. Die genannte Disputation ist in ihrer ersten Hälfte fast ausschließlich eine Auseinandersetzung mit der Lehre des Kopernikus. Schon in den einführenden Darlegungen zum Ziel der Disputation kommt eine durchaus nicht von vornherein ablehnende Haltung zum Ausdruck. Die meisten Kritiker des Kopernikus würden auf ihn verachtend herunterblicken, ohne jedoch selbst wissenschaftliche Verdienste aufweisen zu können. Weder seien die kopernikanischen Thesen so eindeutig widerlegt worden, wie allgemein vorausgesetzt würde, noch seien die von Kopernikus herangezogenen Argumente so schwach, wie man annehme. Die folgenden Thesen (XI–CXX) behandeln ausführlich das Für und Wider des kopernikanischen Weltbildes. Im Ergebnis wird auch im Schlußresümee auf die Solidität der von Kopernikus vorgetragenen Argumente hingewiesen; man könne sie bekämpfen, aber nicht verdammen. Dennoch lautet dann das Endergebnis: „At quo cunque modo res habeat, statuendum tamen est, terram et medium in hoc iniverso tenere, et immotam quiescere." (These CXXI, S. 17) Diese nach dem Vorangegangenen überraschend anmutende Feststellung begründet die folgenden Thesen: „Idque non tam argumentorum, quae humana ratio hucusque pervestigavit, pondere et vi, quam sacrosanctae scripturae autoritate." (These CXXII, S. 18) „Hac (gemeint ist die Autorität der Heiligen Schrift) quae fallere nequit hypothesi tutius innitimur: ad quam etiam quaecunque oculis obversantur *φαινόμενα* quantumvis interdum recentiorum admonitionibus a veterum placitis cogamur recedere, referri posse putamus." (These CXXVI, S. 18) Die beiläufigen kosmologischen Aussagen der Bibel (genauer gesagt des Alten Testaments) geben für Hunnichius der menschlichen Vernunft gegenüber also den Ausschlag. Die Kürze und Oberflächlichkeit der diesbezüglichen Argumentation möchte freilich fast vermuten lassen, daß sie mehr eine Konzession an die gewünschte Meinung der in Leipzig herrschenden lutherischen Orthodoxie darstellt. Immerhin ist diese Disputation ein Beweis dafür, daß die erst jetzt, um die Wende vom 16. zum 17. Jh., einsetzende Diskussion um das Weltbild des Kopernikus auch die Leipziger Hochschule erfaßte.[65]

Hat die Astronomiegeschichte an der Leipziger Universität vom Ausgang des 15. bis zum Anfang des 17. Jh. zwar keine herausragenden Leistungen und

65 Eine andere die Stellung der Erde im Weltall berücksichtigende Disputation aus dem Jahr 1576 analysiert Hans Mewes in einer Leipziger Diss. von 1937 (Bei-

Personen (abgesehen bon Rhaeticus) aufzuweisen, so läßt sich doch immerhin das Bestreben verfolgen, den auftretenden Tendenzen der Zeit gerecht zu werden. Sicher legt man ein ganz erhebliches Gewicht auf alles Astrologische und die damit verbundene Iatromathematik, jedoch entspricht dies völlig dem Renaissancezeitalter mit seiner besonderen Intensität des Sternenglaubens. Andererseits, wenn auch gerade durch die Astrologie gefördert, ist das Bemühen um die Gewinnung neuer Beobachtungsmaterialien unverkennbar. Der Bau geeigneter Instrumente findet Interessen, Beobachtungen werden angestellt, auch wenn wir über deren Umfang noch wenig wissen. Man ist an den Werken interessiert, die die spätere Geschichtsschreibung als Marksteine in der Entwicklung des neuen Weltbildes erkannt hat. Sowohl die Bücher Peuerbachs (hier sind die Drucke gemeint) und Regiomontans als auch die große Arbeit des Kopernikus gelangen bald nach ihrem Erscheinen in den Besitz der Universität und werden hier auch gelesen. Erst seit ca. 1565 sinkt dieses nicht unbeachtliche Niveau ab und macht dem am Beispiel Meurers geschilderten Zustand der Stagnation Platz. Dabei ist zu beachten, daß die hier entworfene Skizze kein abschließender Befund sein will. Dieser wird erst dann gewonnen werden können, wenn einmal das überlieferte Quellenmaterial vollständig bekannt und ausgewertet sein wird.

3. Keplers Beziehungen zur Leipziger Universität und zu Leipziger Persönlichkeiten vor 1622

Der Nachfolger Meurers wurde 1616 Philipp Müller. Sechs Jahre später beginnt seine Bekanntschaft mit Johannes Kepler. Jedoch ist dies nicht die erste Berührung Keplers mit Leipzig und seiner Universität. Es lassen sich zwei weitere, frühere Kontakte nachweisen: zu Joachim Tancke, Prof. d. Medizin, und zu dem Thomaskantor Sethus Calvisius.

Wie Tancke[66], der seit 1594 als Prof. für Anatomie in Leipzig wirkte, vor

träge zur Geschichte des geographischen Unterrichts an der Universität Leipzig von der Gründung bis zum Ende des 17. Jh. Dresden 1937, hier S. 34 f.).

66 Geb. am 9. 12. 1557 in Perleberg, Studium in Leipzig, 1589 Prof. der Poesie, 1591 Lic. med., 1592 Dr. med., 1593 und 1599 Rektor der Universität, 1594 Prof. der Anatomie (zur Berufung Tanckes s. die Akten im Universitätsarchiv: Med. Fak. A 1, Vol. IX, Bl. 19–20), gest. am 17. 11. 1609. Vgl. Carl Rabl: Geschichte der Anatomie an der Universität Leipzig. Leipzig 1909, S. 30. Die einzige neuere ausführliche Darstellung zu Tancke bietet Joachim Telle: Zur spätmittelalterlichen und frühneuzeitlichen Alchemia medica unter besonderer Berücksichtigung von Joachim Tanck. In: Humanismus und Medizin (Mitteilung XI der Kommission für Humanismusforschung) Weinheim 1984, S. 139–158. Telle betont

allem aber durch eine umfangreiche Publikation alchimistischer Schriften hervorgetreten ist[67], mit Kepler bekannt geworden ist, wissen wir nicht[68]. In dem erstens uns erhaltenen Schreiben[69] Leipzig, 13. 12. 1607) bestätigt Tancke bereits den Empfang des Manuskripts einer Arbeit Keplers über den Kometen von 1607[70], deren Veröffentlichung in Halle er erfolgreich vermitteln kann. Eine weitere, lateinischsprachige Schrift Keplers zum gleichen Thema soll alsbald im Druck folgen. Bald aber meldet Tancke Schwierigkeiten. Zu Keplers sublimer Haltung der Astrologie gegenüber gehörte die Annahme besonderer Geister, deren Aufgabe es sei, die Bahnen der Kometen so zu lenken, daß diese die von Gott gewünschten Andeutungen den Menschen übermitteln.[71] Von solchen Geistern wollen jedoch, wie Tancke schreibt[72], „nostri Aristotelici" nichts wissen. Gemeint sind, wie wir aus einem späteren Brief erfahren, die Leipziger Theologen. Auf die Worte des Aristoteles schwörend, würden diese es vorziehen, mit jenem zu irren und im Schmutz zu versinken, als sich um die Wahrheit zu bemühen. Da in Leipzig der Universität die Zensur oblag, konnten diese Einwände die Veröffentlichung des ganzen Werkes zu Fall bringen[73].

übrigens, daß Tancke ein außerordentlich scharfer Kritiker des Aristotelismus gewesen sei. Dies wird auch durch die Briefe Tanckes an Kepler immer wieder bestätigt.

67 Es sei hier als Beispiel nur ein Titel dieser meist deutschsprachigen Bücher genannt: Alchimistisches Waitzenbäumlein. Das ist: Vom Stein der Weisen. Ein wohlgegründtes Philosophisches Gesprech Vaters und Sohns. Von einem christlichen Philosopho beschrieben. Leipzig 1605.

68 Am 11. 12. 1605 schreibt Nikolaus Vicke aus Leipzig einen kurzen Brief, in dem er auch Grüße Tanckes an Kepler ausrichtet (KGW, Bd. 15, S. 283). Da er Tancke ausdrücklich als einen Leipziger Professor vorstellt, könnte evtl. hier der Beginn ihrer Beziehungen zu suchen sein. Diese Annahme liegt auch deswegen nahe, weil Vicke Tanckes Meinung zu einem astronomischen Problem anführt, wodurch vielleicht Keplers Interesse geweckt wurde.

69 Alle Briefe Tanckes an Kepler sind im Bd. 16 von KGW enthalten (10 Schreiben vom 13. 12. 1607 bis zum 11. 4. 1609), ebenso der einzige erhaltene Brief Keplers an Tancke, der jedoch nichts enthält, was über das persönliche Verhältnis zwischen beiden weitere Aufschlüsse geben könnte (Brief vom 12. 5. 1608).

70 „Ausführlicher Bericht von dem newlich im Monat Septembri und Octobri diss 1607. Jahres erschienen Haarstern oder Cometen und seinen Bedeutungen" (abgedr. in: KGW, Bd. 4, S. 57–76).

71 Vgl. KGW, Bd. 4, S. 63 f.; KGW, Bd. 8, S. 231 ff. Zu dieser Theorie Keplers von der Herablassung Gottes (Condescensio Dei) vgl. Max Caspar: Johannes Kepler. Stuttgart 1948, S. 360 f. und Nova Kepleriana 4 (s. Anm. 3), S. 36 f.

72 Brief vom 30. 12. 1607 (KGW, Bd. 16, S. 105).

73 Vgl. zu dieser Problematik Albrecht Kirchhoff: Die kurfürstliche sächsische Bücher-Commission zu Leipzig. In: Archiv für Geschichte des Deutschen Buchhandels. 9. Bd. (1884), S. 47–176.

Kepler versuchte dieser Gefahr zu begegnen, indem er an die theologische Fakultät einen Brief richtete (Januar 1608). Leider ist er nicht erhalten geblieben[74]. Das gleiche gilt für die Antwort der Fakultät, deren unmittelbar bevorstehende Absendung Tancke in einem Schreiben vom 24. 1. 1608 ankündigt. Immerhin können wir deren Inhalt zumindest andeutungsweise indirekt erschließen. Tancke berichtet nämlich in seinem eben erwähnten Brief über ein Gespräch mit dem Dekan der theologischen Fakultät, Georg Weinrich. Dieser stehe Keplers Schrift nicht ablehnend gegenüber, bemängele aber eben die Theorie von den zur Bewegung der Kometen eigens geschaffenen Geistern, die dann wieder vergehen würden. Im übrigen bezweifle Weinrich, daß die Kometen durch Geister bewegt würden. Dies sei jedoch Kepler anheim gestellt. Wenn er jene Tätigkeiten den schon existierenden Geistern zuschreiben und nicht auf deren Verschwinden nach der vollbrachten Aufgabe beharren würde, sei der Dekan zufrieden. Kepler muß dann in den nächsten Wochen die entsprechenden Änderungen vorgenommen haben[75]. Jedenfalls lesen wir in der umstrittenen Arbeit „De Cometis"[76] (das gleiche gilt aber auch schon für die deutsche Schrift) nichts über eine spezielle Erschaffung und Vernichtung der Kometengeister. Trotzdem kam die erwünschte Publikation nicht zustande. Mehrmals berichtete Tancke über Schwierigkeiten mit dem Drucker und Mitte 1609 schickte schließlich der sowohl mit Tancke als auch mit Kepler bekannte Sethus Calvisius das Manuskript nach Prag zurück[77], da der Drucker den Absatz der Arbeit als nicht mehr gewährleistet sieht. Bald darauf ist Tancke gestorben.

Zur äußeren Seite der Beziehungen zwischen Kepler und Calvisius (1566 bis 1615) läßt sich nur wenig sagen.[78] Im Briefwechsel Keplers taucht Calvisius' Name erstmals[79] in einem Schreiben des Ambrosius Rhodius vom 25. 3. 1607

74 Diese im Nachbericht des 16. Bd. der Werkausgabe (S. 425) getroffene Feststellung ist von mir im Archiv der Leipziger Universität nochmals überprüft worden, leider ohne Erfolg. Allerdings ist zu beachten, daß dort gerade die Bestände des 17. Jh. noch nicht im ganzen Umfange aufgearbeitet worden sind.

75 In einem Schreiben vom 5. 3. 1608 bestätigt Tancke den Empfang des geänderten Textes: „Mutasti in tuo scripto mutanda" (KGW, Bd. 16, S. 132).

76 KGW, Bd. 8, S. 129–262. Das Buch konnte (in stark erweitertem Umfang) erst 1619 erscheinen.

77 KGW, Bd. 16, S. 246.

78 Vgl. Gerhard Pietzsch: Seth Calvisius und Johannes Kepler. In: Die Musikpflege. 1. Jg. (1930), S. 388–396. Der Aufsatz beschäftigt sich jedoch nicht mit den Beziehungen zwischen Calvisius und Kepler, sondern skizziert die jeweiligen Auffassungen zur Musiktheorie.

79 Von der Erwähnung des Calvisius in einer Randbemerkung Keplers in dem Brief an Herwart von Hohenburg vom 16. 1. 1607 (KGW, Bd. 15, S. 375) wird hier abgesehen.

auf[80]. Calvisius hatte sich in einer Schrift gegen die gregorianische Kalenderreform ausgesprochen (1607). Da die Leipziger Universität eine negative Reaktion des dort angegriffenen Jesuitenpaters Christoph Clavius befürchtete, woraus „allerley uhnnottige gezänck" entstehen könnten, die Universität der Arbeit auch „nicht in allen Dingen" zuzustimmen vermochte, wurde eine Entscheidung des Kurfürsten angefordert[81]. Dieser wiederum erbat von dem Wittenberger Prof. M. Jöstel und von Kepler ein Gutachten über das Buch des Calvisius. Durch diese Angelegenheit, auf die der Wittenberger Prof. Rhodius in seinem Brief anspielt, könnte Kepler auf den Thomaskantor aufmerksam geworden sein. Wahrscheinlicher noch liegt die Bekanntschaft aber in dem gemeinsamen Interesse an Fragen der Harmonielehre und der historischen Chronologie (Geburt Christi) begründet. Erhalten haben sich sechs Schreiben des Calvisius aus dem Zeitraum vom 22. 5. 1607–5. 10. 1610. Die Antworten Keplers sind verlorengegangen. Lediglich Auszüge aus den Briefen sind auf uns gekommen, die in den „Eclogae Chronicae" abgedruckt wurden[82]. Eine Analyse ihres sich um die eben erwähnten Themen kreisenden Inhaltes würde zu weit von unseren Intentionen abführen. Interessant dagegen sind für uns einige Randbemerkungen von Calvisius zur Situation der Astronomie in Leipzig. Die von ihm an Meurer geübte Kritik ist schon weiter oben erwähnt worden. Auf den beklagten Tiefstand der Mathematik führt Calvisius auch die geringe Kenntnis der Werke Keplers in Leipzig zurück. Lediglich seine Bücher „Astronomiae pars Optica" und „De Stella Nova" seien hier zu haben, daher die Bitte an Kepler, seine Publikationen ihm zuzuschicken[83]. Aus dem letzten uns überkommenen Brief des Calvisius erfahren wir gar, daß am Ende Meurer hinter den Schwierigkeiten stecke, auf die seine Kalenderschrift stoßen würde. Meurer sei (den Zensurbestimmungen entsprechend) um sein Urteil über diese Arbeit angegangen worden, obwohl er selbst sich mit diesen Fragen in den ganzen zwanzig Jahren seiner Tätigkeit als Prof. der Mathematik nie beschäftigt habe. Begründet in dieser Unwissenheit und in der Angst, in dem Buch könne etwas ihm Nachteiliges stehen, habe er die Angelegenheit an den Kurfürsten weitergeleitet.[83a]

80 KGW, Bd. 15, S. 416 f.

81 Brief der Universität an Kurfürst Christian II. vom 28. 2. 1607 (Loc. 7285 des Staatsarchivs Dresden).

82 Johannes Kepler: Eclogae chronicae ex epistolis doctissimorum aliquot virorum et suis mutuis. Frankfurt/M. 1615.

83 Brief vom 23. 8. 1607 (KGW, Bd. 16, S. 48 f.).

83a In aller Ausführlichkeit schildert Calvisius diesen Vorgang in einem Brief an Müller vom 5. 3. 1612 (in KGW nicht berücksichtigt). Sein Urteil über Meurer fällt hier noch schärfer aus. Meurer habe ihn angeschwärzt, ohne auch nur ein stichhaltiges Argument zu besitzen. „Si enim sciens et volens adeo inique de meo scripto pronunciavit, non video quomodo vel invidiae, vel malitiae vel

Ein interessantes Detail sei noch am Schluß erwähnt. Wie wir aus manchen anderen Briefen Keplers wissen, hegte er eine lebhafte Vorliebe für die Quellen und die Literatur zur Geschichte der Astronomie. Nicht selten ergeht daher an seine Briefpartner die Bitte, in seinem Auftrage nach bestimmten Werken zu recherchieren[84]. Einem solchen Ersuchen verdanken wir eine Aufstellung der astronomischen Bücher der Universitätsbibliothek Leipzig am Anfang des 17. Jh., die von Calvisius am 28. 9. 1607 nach Prag gesandt wurde[85].

4. Der Leipziger Mathematikprofessor Philipp Müller. Leben und Wirken

Philipp Müller[86] wurde 1585 in Herzberg/Elster geboren. 1599 erfolgte seine Immatrikulation an der Leipziger Universität, wo er sich nach der Absolvierung des üblichen Studiums an der philosophischen Fakultät (1604 Magister artium) der Medizin zuwandte. Dem damaligen Brauch entsprechend hat Müller auch als Angehöriger der medizinischen Fakultät eine Lehrtätigkeit an der Artistenfakultät ausgeübt, die sich bereits damals mit Vorliebe im Bereich astronomischer Themen bewegt zu haben scheint (s. Nr. 2 und 5 der Müller-Bibliographie im Anhang). Als durch den Tod von Wolfgang Corvinus 1614 der Lehrstuhl für Physik frei wurde bat die philosophische Fakultät in einem Schreiben vom

calumniae crimen evitare possit." (Zitiert nach einer Abschrift des Briefes in der UB Leipzig, Original in Paris).

84 Vgl. z. B. die Briefe Nr. 412 und 424 in KGW.

85 KGW, Bd. 16, S. 59. Er habe die Titel jedoch nur aus dem Katalog der Bibliothek herausgeschrieben, ohne die Bände selbst gesehen zu haben.
Unbekannt ist, ob Kepler zu dem 1603–1612 als a. o. Prof. in Leipzig wirkenden Hieronymus Megiser Kontakte pflegte. Beide stammten aus Württemberg, beide lebten, wenn auch nicht zur gleichen Zeit, in Graz, beide wurden durch die Gegenreformation aus den habsburgischen Erblanden vertrieben. Zum ersten Male taucht Megisers Name im Briefwechsel Keplers in einem Schreiben von Ludwig von Dietrichstein vom 3. 1. 1604 (KGW, Bd. 15, S. 11 f.) auf, in dem Dietrichstein sich nach dem Verbleib „unseres Megisers" erkundigt. Kepler wird Megiser also spätestens während seiner Grazer Zeit kennengelernt haben. Dann erst hören wir in den Jahren nach 1614 wieder von Megiser, der nun bis zu seinem Lebensende in Linz lebte und dort in ständigem Kontakt zu Kepler stand. Aber auch aus dieser Zeit besitzen wir nur Erwähnungen seines Namens in Briefen Dritter, die meist um das Ausrichten von Grüßen bitten.

86 Die Artikel über Müller bei Zedler, Jöcher und in der ADB sind denkbar knapp gehalten. Einige Angaben mehr finden sich bei Abraham Gotthelf Kästner: Geschichte der Mathematik. 4. Bd. Göttingen 1800, S. 403–405. Kästner weiß auch von den Beziehungen zwischen Müller und Kepler. Zu Müllers geographischen Leistungen s. Hans Mewes, a. a. O. S. 50 f.

22. 11. 1614 um eine Neubesetzung der Stelle durch Müller[87] und begründete dies folgendermaßen: „So viel aber M. Philippum Mullerum belanget, die weill derselbe nicht allein ratione studij Medici . . . zue der Profession Physices insonderheit qualifiziret, sondern auch sonsten seinen verstandt unndt vornehme geschickligkeit, hiebevor bey dieser Universitet in exercitationibus Philosophicis tam privatis, quam publicis, genugsten erwiesen, Darneben auch in ritos et moribus, so wohl in studio pietatis et religionis, sich iederzeit Erbar, aufrichtig unndt Christlich, ohne einige Ergernüß, erzeiget."[88] Die Zustimmung des Kurfürsten erfolgte umgehend am 16. 12. 1614[89]. Bereits 1615 wurde Müller erstmals Dekan der Fakultät und reiste als solcher nach Dresden, um dort wegen neuer Statuten zu verhandeln. Anfang 1617 übernimmt Müller die mathematische Professur des im Jahre zuvor verstorbenen Meurer, die er nun bis zu seinem Tode innehalten sollte. Der Lehrstuhl der Physik wird an Chr. Preibisius übertragen. Vom wem diese Umbesetzung betrieben worden ist, läßt sich schwer sagen. Müller gibt sich in dem einzigen seiner an Kepler gerichteten Briefe, der sich erhalten hat (vom 3. 8. 1622), bescheiden. Er sei mehr durch fremden als durch eigenen Willen zum Prof. der Mathematik geworden, nachdem die Blüte seiner Jahre vorüber und die Schärfe seines Geistes verbraucht gewesen seien (Müller zählte bei seiner Berufung 31 Jahre!). Gerade in den Jahren um 1620 scheint Müller jedoch wissenschaftlich besonders rührig in Erscheinung getreten zu sein. Zumindest bezeugt dies die Zahl seiner Publikationen in jenem Zeitraum. Daß Müller, wie er auch Kepler gegenüber erwähnt, in den gleichen Jahren mit einer ungenannten Krankheit zu ringen hatte, bestätigt ein Gesuch der philosophischen Fakultät an den Kurfürsten vom 7. 6. 1617[89a] mit der Bitte, er möge Müller erlauben, seiner Gesundheit wegen ein „warm bad" aufzusuchen. Bald wurden ihm neue Ämter übertragen. Am 23. 9. ernennt ihn der Kurfürst zum Praeceptor der Stipendiaten[90]. Anfang 1621 übernimmt er auf Betreiben der medizinischen Fakultät die Aufgaben eines Inspektors des Hortus Medicus[91]. Kurz zuvor, Ende 1620, ist Müller Mitglied des Großen Kollegs geworden, was er bis zu seinem Ende bleiben wird.[91a] 1622/23 übt er die Funktion eines Prorektors unter dem quasi als Ehrenrektor amtierenden

87 Staatsarchiv Dresden, Loc. 1774, Bl. 1r–2r.

88 Vorgeschlagen wurden außerdem Konrad Bavarus und Chr. Preibisius. Diese hätten in ihrer bisherigen Funktion jedoch „guten Nutzen" erbracht und sollten daher nicht mit anderen Aufgaben betraut werden.

89 Staatsarchiv Dresden, Loc. 2125, Bl. 15r–16r.

89a Staatsarchiv Dresden, Loc. 2125, Bl. 55r.

90 Staatsarchiv Dresden, Loc. 2125, Bl. 64r.

91 Staatsarchiv Dresden, Loc. 2125, Bl. 145v.

91a Der Kurfürst bestätigt die Aufnahme am 18. 12. 1620 (Staatsarchiv Dresden, Loc. 2125, Bl. 140v).

Fürsten Jacob von Livland aus, hat also die eigentlichen Amtsgeschäfte zu tragen[92]. Das Rektorat selbst verwaltete Müller schließlich in dem äußerst schwierigen Wintersemester 1632/33, als die Schrecken des Krieges Leipzig und seine Umgebung mit besonderer Intensität heimsuchten (Schlacht bei Lützen am 6. 11. 1632, mehrmaliger Wechsel der Besitzer der Stadt). Achtmal endlich hat Müller das Dekanat der philosophischen Fakultät versehen (1615, 1621, 1627, 1631, 1637, 1643, 1649, 1655). Mit neuen Publikationen scheint er, soweit hier unsere sicher unvollständige Bibliographie Auskunft gibt, seit der Mitte der dreißiger Jahre nicht mehr hervorgetreten zu sein. Sein Tod erfolgte am 26. 3. 1659.

Nach einem Diktum Goethes stand die Entwicklung der Wissenschaften im 17. Jh. vor folgendem Problem: „Die guten Köpfe der damaligen Zeit fanden sich auf einem Scheidepuncte, wo die Frage war: ob sie in der bisherigen Verwirrung, wo hauptsächlich die Worte und Wendungen gegolten, wo der menschliche Geist sich in sich selbst in allen seinen inneren Bezügen abgemühet, gleichfalls Meister werden, oder ob sie jene Geistesübungen und Fertigkeiten zu der Natur, zu der Erfahrung hinwenden wollten".[93] Uns interessiert die Frage, ob Ph. Müller zu diesen „guten Köpfen" zu zählen ist. Gehört er, im Sinne der in der Einleitung geschilderten Entwicklung, zu den Wissenschaftlern, die zwar noch ganz im Bannkreis der überkommenen Vorstellungsstrukturen lebend, sich doch neuen Denkansätzen, neuen Methoden öffnen? Hier können dazu nur einige Hinweise gegeben werden.

Müller hat sich seinen Äußerungen nach immer in erster Linie als Lehrer und nicht als Forscher verstanden. Das entsprach ganz den in jener Zeit von der Funktion einer Universität gehegten Vorstellung als einer Einrichtung, die durch die Vermittlung des tradierten Wissens brauchbare Beamte, Pfarrer und Ärzte auszubilden hatte. Müllers einziges direktes autobiographisches Zeugnis, das wir besitzen, der Brief an Kepler, gibt über sein dahingehendes Selbstverständnis hinreichend Auskunft. Nach einem Hinweis auf seine Unwissenheit „in his rebus, quae profiteor et ignoro tamen", denn alle seine Kenntnisse habe er aus Mangel an geeigneten Lehrern autodidaktisch und sehr spät erworben, geht er auf die Gesichtspunkte ein, unter die er sein Wirken in Leipzig gestellt sieht: „Itaque observationes et inventiones a me nullas habeo petove: dux, aetas, ingenium, impensa deest: nitor aliena fide: oculis non meis cerno; interim

92 Vgl. Illustrissimo et generosissimo principi ac domino Dn. Jacobo in Livonia Curlandiae et Semgalliae duci Rectori academiae Lipsiensis ... IX. Calendarum Maii Anno MDXXIII ... oblata. In einem dort enthaltenen Preisgedicht auf den Fürsten heißt es: „Von guter Lehr und weisem Rath Herr Philipp Müller Licentiat Prorector ist mit allen rechen und Professor Mathematum ...

93 J. W. v. Goethe: Leben und Verdienste des Doctor Joachim Jungius. In: Werke. Großherzogin Sophien-Ausgabe, II. Abtl., 7. Bd., S. 108.

hoc ipso, opinione mea felix, si quae recte et viderunt et acute tradiderunt alij, ego non minus dextre, vestigiorum signa legens, assequar et discipulis proponam, et saltem aliqua prosum in vita, si non datur ultra."[94] Überschwenglich lobt er im folgenden den Nutzen, den ihm die Bekanntschaft mit Keplers Werk gebracht habe. Allerdings könne er vieles von Keplers Darlegungen nicht verstehen, da ihm eine Reihe der dazu notwendigen Voraussetzungen abgingen. Im einzelnen nennt Müller die gerade erst von John Neper entwickelte Logarithmenrechnung, bestimmte Stellen im Werk des Archimedes und das Apollonius von Perge, die Methoden der Coß, Fragen der Musiktheorie und das 10. Buch des Euklid. Mehr als einmal habe er sich daher schon gewünscht, Kepler möge an seiner Stelle am Katheder stehen und ihn unterrichten. Die angebotene Fortführung des Briefwechsels könne daher nur einseitig Nutzen stiften; von ihm, Müller, wäre weder Neues noch Bemerkenswertes zu erfahren.

Dieser didaktischen Orientierung entspricht auch die den „Eclogas mathematicas ex Aristotelis operibus" (1625 erschienen, s. Bibliographie) vorangestellte Vorrede. Es sei nicht die Aufgabe eines Kompendiums, die Lektüre der „Klassiker" einer Wissenschaft zu ersetzen, vielmehr solle es in deren Probleme einführen und zum Studium jener Hauptwerke anregen[95]. Als wichtigste Werke auf dem Gebiet der Astronomie nennt Müller Keplers „Mysterium Cosmographicum", die „Epitome Astronomiae Copernicanae" und die „Harmonices Mundi".[96]

Welchen Stoff hat Müller nun in seinem Unterricht vermittelt? Leider ist uns aus der Zeit der Bekanntschaft Müllers mit Kepler kein Vorlesungsverzeichnis der Leipziger Universität erhalten geblieben. Überliefert sind uns lediglich einige verstreute Notizen. Jakob Bartsch, der spätere Schwiegersohn Keplers, berichtet in seinem 1624 erschienenen „Planisphaerium stellatum" mit welchen Methoden Müller die Kenntnis der Sternbilder und den Gebrauch des Himmelsglobus vermittelte.[97] Kepler gegenüber erwähnt Müller den Euklid und die Trigonometrie als Lehrgegenstand. Zur Einführung in die sphärische Trigonometrie hat er 1635 eigens einen im Druck herausgegebenen Vortrag vor Studenten gehalten. Die Astronomie, so die Meinung Müllers, habe einmal die Durchführung von Beobachtungen zur Aufgabe, zum anderen aber müsse sie sich der Berechnung der Bewegungen der Himmelskörper widmen. Dazu sei die Beherrschung der Trigonometrie eine unerläßliche Voraussetzung. In diesem Zusammenhang wird auch deutlich, daß Müller die damals noch neuartige Logarithmenrechnung, die ihm, dem weiter unten veröffentlichten Brief vom 18. 9. 1630 nach zu urteilen, noch Schwierigkeiten bereitete, zu seinem Lehrpro-

94 KGW, Bd. 18, S. 97.
95 Eclogas, S. 3.
96 Eclogas, S. 4.
97 Kästner, a. a. O., S. 101.

gramm zählte. Ausdrücklich werden auch die Rudolfinischen Tafeln und Keplers Epitome als Lehrbücher genannt.[98] Die uns aus den Jahren 1641, 1642, 1648, 1652 und 1653 erhaltenen Vorlesungsverzeichnisse geben als Themen der von Müller gebotenen Lehrveranstaltungen wiederum die sphärische Trigonometrie und die Berechnung der Bahnen der Himmelskörper (mit Logarithmenrechnung und Einführung in die Rudolfinischen Tafeln) an.[99]

Lediglich einem Thema gegenüber scheint sich Müller nicht ausschließlich rezeptiv verhalten zu haben. Bekanntlich hatte Kopernikus den schlagenden Beweis für die Richtigkeit seines neuen Weltbildes nicht erbringen können und war in seinem Denken selbst noch in einem erheblichen Grade der auf aristotelischen Grundlagen beruhenden Physik und Astronomie verpflichtet geblieben. Das geozentrische Weltbild vermochte vorerst seine Stellung so gut wie ungebrochen zu behaupten. Erst die 1577 von Tycho Brahe angestellten Kometenbeobachtungen schlugen hier eine erste, nicht mehr zu schließende Bresche. Bewegten sich, wie Brahe nachzuweisen vermochte, die Kometen weit jenseits der Bahn des Mondes, dann fiel die herkömmliche Erklärung der Kometen als irdische Ausdünstungen, die ganze Sphärenkonstruktion und schließlich das Axiom von der Unwandelbarkeit der supralunarischen Welt in sich zusammen. Das Problem der Kometen blieb auch im 17. Jh. eines der beliebtesten Themen der Astronomie, um erst in dem von Dörffel und Newton erbrachten Nachweis der parabolischen Bahn dieses Himmelskörpers eine gewisse Klärung zu finden. Innerhalb dieser Diskussion nimmt Müllers Kometenbuch des Jahres 1619 (s. Bibliographie) einen nicht unbeachtenswerten Platz ein. Entschieden wendet er sich gegen die Meinung der Peripatetiker vom irdischen Ursprung der Kometen. Sein Hauptargument ist das Fehlen der sonst notwendig nachweisbaren Parallaxe: An ganz verschiedenen geographischen Orten sei er am selben Punkt des Himmels beobachtet worden. Beachtet man, daß sich zur gleichen Zeit ein Mann wie Galilei mit Nachdruck für die Theorie von den Erdausdünstungen als Ursache der Kometen aussprach, erscheint diese Position Müllers keineswegs als selbstverständlich. In der sich sofort anschließenden Frage nach der Bahnbestimmung der Kometen folgt er der überkommenen Vorstellung von deren kreisförmiger Natur (Kepler nahm demgegenüber eine geradlinige Bahn an).

98 A 4 (s. Nr. 14 der Bibliographie von Müllers Publikationen).

99 Es handelt sich um gedruckte Verzeichnisse (Univ. 377 der UB Leipzig). Der Aufbau der Vorlesungen folgt Müllers Angaben aus dem Jahre 1638 (s. Nr. 15 der Bibilographie). Erst die fortgeschrittenen Zuhörer werden mit den Tafelwerken bekannt gemacht. Den Anfängern werden theoretische Grundlagen vermittelt. Dabei verwendet Müller noch 1653 das ganz auf ptolemäischer Grundlage beruhende Lehrbuch des Th. Bebel (Wittenberg 1576, nach den Angaben Zinners bis 1629 noch in sieben weiteren Auflagen erschienen).

Soweit mag die Sichtung der überkommenen Materialien genügen. Sicher würde eine auf Vollständigkeit bedachte, intensivere Auswertung der von Müller hinterlassenen Schriften ein im einzelnen noch genaueres Bild ergeben. Soviel läßt sich jedoch immerhin schon sagen, daß Müller zwar nicht zu denjenigen zu zählen ist, die die Entwicklung der Naturwissenschaften im 17. Jh. um eine erhebliche Entdeckung oder Erkenntnis bereicherten, andererseits aber unverkennbar bemüht gewesen ist, sich das aufkommende neue Wissen und Können seiner Zeit anzueignen und weiterzuvermitteln, wenn dies auch mehr sozusagen handwerkliche Dinge betraf wie z. B. die Logarithmenrechnung, die Arbeit mit den neuen Tafelwerken oder das Anstellen astronomischer Beobachtungen. Zu seiner Haltung zur zentralen Frage geo- oder heliozentrisches Weltbild konnten keine deutlichen Äußerungen gefunden werden. Nach einer erhaltenen Vorlesungsnachschrift[100] soll er das Weltsystem des Tycho Brahe vertreten haben, eine damals beliebte Position des Kompromisses. Das folgende Kapitel wird diese Einschätzung bestätigen und zugleich eine hier noch nicht beachtete Seite in Müllers Wirken verdeutlichen, sein entschiedenes Angehen gegen alles astrologische Treiben.

5. Die Beziehungen zwischen Phillipp Müller und Johannes Kepler

Was um 1600 in der Buchstadt Leipzig an astronomischen Schriften erschien, beschäftigte sich fast ausschließlich mit der Deutung besonderer Himmelserscheinungen und der Vorhersage künftiger Ereignisse (Prognostiken). Die steigende Bedeutung der Stadt als zweites Zentrum des deutschen Buchhandels ermöglichte darüberhinaus das leichte Kennenlernen weiterer Publikationen dieses damals außerordentlich beliebten Schrifttums. Einen Höhepunkt ihrer Konjunktur erlebte jene Literatur schließlich nach dem Erscheinen dreier Kometen im Jahre 1618 in Verbindung mit den gleichzeitigen bedrohlichen politischen Entwicklungen in Böhmen. Einer der rührigsten und bekanntesten Verfasser solcher astrologischen Verbrauchsliteratur im frühen 17. Jh., der zu den Kometen von 1618 auch sofort mit mehreren Traktaten aufzuwarten wußte, lebte nicht weit entfernt von Leipzig, im kursächsischen Torgau. Es gibt leider keine Biographie des heute völlig vergessenen Paul Nagel[101], nicht einmal sein

100 Epitome astronomica secundum placita Tychonis adornata. Vorlesungensnachschrift von 1626 (Ms Lat. Q IX 26 der Staatsbibliothek Warschau; s. Zinner, Entstehung, S. 545).

101 Vgl. zu Nagel ADB, Bd. 23, S. 215 f. Der Artikel stützt sich weitgehend auf die Angaben bei Zedler, Kaestner (a. a. O., S. 398–403) und Arnold (Kirchen- und Ketzerhistorie, 2. Bd., S. 53 ff.).

Todesdatum ist bekannt[102]. Wir wissen lediglich, daß er in Torgau als Schulrektor lebte und zwischen 1605 und 1627 eine große Anzahl astrologischer Schriften herausgegeben hat[103], die einiges Aufsehen erregt haben müssen, was z. B. die Fülle der Gegenschriften und die nicht seltene Erwähnung seines Namens im Briefwechsel Keplers beweist. Da in der Leipziger Universitätsbibliothek vor kurzem eine große Zahl umfangreicher Briefe Nagels an einen Leipziger Arzt entdeckt werden konnte, steht zu hoffen, daß auf Grund dieses interessanten Quellenmaterials in der Zukunft ein plastisches Bild vom Leben und Wirken Nagels erarbeitet werden kann[104].

Auf alle Fälle läßt sich soviel sagen, daß Nagel sich einerseits in der Abwehr gegenüber der voranschreitenden Lösung der den Charakter einer modernen Wissenschaft annehmenden Astronomie von der Astrologie befindet, andererseits aber als Vertreter einer in ihrer Breite noch ungenügend untersuchten Bewegung des religiösen Schwärmertums im Deutschland der ersten Hälfte des 17. Jh. zu sehen ist. Uns können an dieser Stelle nur die Attacken Nagels gegen diejenigen Astronomen interessieren, die der Astrologie kritisch gegenüberstanden. Sie boten Müller Anlaß zu einer öffentlichen Erwiderung, was ihn wiederum in Kontakt mit Kepler brachte. Für Nagel geht die von Brahe, Kepler u. a. betriebene rationale Deutung der Kometen ganz am Wesen dieser Phänomene vorbei. Sie könne bestenfalls in der Einbindung in die eigentliche Interpretation astronomischer Erscheinungen, in die von Nagel geforderte „mentale Deutung", einen echten Sinn besitzen. Die mentale Deutung bedarf nicht vieler Beobachtungen, sondern gründet sich auf das Wort der Bibel, insbesondere auf die Aussagen der Apokalypse. Auf diese Weise könne man aus den Erscheinungen am Himmel unmittelbar den Willen Gottes ablesen. Es helfe nichts, daß die sog. Gelehrten (wie z. B. Kepler) diese Schrift ignorieren: „Denn lasset alle Welt lesen was Tycho und andere von diesem himmlischen miraculis observiret und geschrieben, sie werden es ihnen wenig nütz machen können. Die recht gewisse wahrhafftige Außlegung aber die ist ubernatürlich, und daran ist am meisten gelegen . . ."[105] Die detaillierte Beschreibung dessen was die Schrift

102 Zedler gibt 1621 an, was schon Kaestner bezweifelte. Nach den neuaufgefundenen Briefen Nagels in der UB Leipzig (s. Anm. 104) lebte er noch im November 1628.

103 Vgl. Zinner, Bibiliographie.

104 Es handelt sich um 29 Briefe Nagels an den Leipziger Arzt Arnold Kerner aus dem Zeitraum 1619–1628 (Ms 0356). Kerner stand auch mit anderen Chiliasten in Verbindung, wie z. B. Esaias Stiefel und Paul Felgenhauer, von denen sich ebenfalls Briefe im gleichen Konvolut befinden.

105 Paul Nagel: Ander Theil des im 1618. Jahre erschienenen und verschienenen Cometen ... eine kurtze warhafftige deutung und interpretation ... Artern 1619, S. B.

am Himmel für die nächste Zukunft prophezeit entspricht ganz den üblichen Endzeiterwartungen und bildet dann den Hauptteil der Ausführungen Nagels.

Gegen diese ganze Vorstellungswelt bezieht Müller in der von ihm veröffentlichten Kometenschrift (1619) ausführlich Stellung[106], ohne freilich Namen zu nennen; nur von „den Astrologen" ist die Rede. In der Frage nach der Bedeutung der Kometen für die sublunare Welt folge er, wie in vielen anderen Dingen auch, ganz den Anschauungen Keplers[107]. Die Erscheinung der Kometen gehöre in eine Reihe mit den Ereignissen, als deren Verursacher man sie fälschlicherweise ansehe, d. h. auch die Kometen seien nur das Ergebnis bestimmter Aspekte der Sterne, durch die die verschiedenen in der Natur zu beobachtenden Erscheinungen hervorgerufen würden. Die Kometen könnten bestenfalls bestärkend in dieser Richtung wirken[108]. Die Deutungen und Prophezeiungen der Astrologen lehnt Müller unter Hinweis auf die inneren Widersprüche und die Ungereimtheiten der astrologischen Methoden ab. Ein anderer Lieblingsgedanke Keplers dagegen, die Sicht der Kometen als Zeichensprache Gottes (s. o.), stößt auf Müllers Skepsis. Es könne dies wohl nicht ausgeschlossen werden, jedoch seien solche Behauptungen aufs sorgfältigste zu prüfen. Im Grunde genommen aber, meint Müller, sei die ganze Astrologie eigentlich nur von geringem Interesse: „Nos, qui in scholis docemus, veram illam et sobriam Astronomiam, quam nemo nisi malus vituperat, nemo nisi ignorans non aestimat, hoc signo excitari dicamus studiosam juventutem a contemtu ejus, tanquam ab epidemio aliquo et profundo veterno, et moneri, ut deinceps majorem diligentiam adhibens in hoc studio, hunc quoque hymnum arbitretur operum divinorum, Deo gratum, proximo conducibilem."[109]

Kepler hat diese Arbeit Müllers gekannt; das beweist deren häufige Erwähnung in „De Cometis libelli tres" (s. Anm 76). Zur unmittelbaren Kontaktaufnahme zwischen Leipzig und Linz kam es jedoch erst drei Jahre später. Dem voraus ging eine erneute, diesmal nachweislich durch das Auftreten Nagels hervorgerufene Auseinandersetzung Müllers mit der Astrologie. Den Anlaß bot eine literarische Fehde zwischen Nagel und dem Danziger, mit Müller und Kepler gleichermaßen in Briefwechsel stehenden Astronomen Peter Crüger[110].

106 De Cometa anni 1618. Leipzig 1618.

107 „Mea sententia, quam Keplero debeo, quem non pudet me in hoc et in aliis plaerique ducem sequi, haec est ..." (s. 72).

108 Kepler hat seine von Müller übernommene Aspektenlehre erstmals in seiner Schrift „De Fundamentis Astrologiae certioribus" (1601) entwickelt. Sie wird auch in späteren Werken immer wieder angesprochen, insbesondere im IV. Buch der Weltharmonik.

109 a. a. O., S. 82.

110 Vgl. die ausführliche Darstellung dieser Vorgänge durch v. Dyck und Caspar im 4. Bd. der Nova Kepleriana, S. 14.

In seinem Brief an Kepler von 3. 8. 1622 schildert Müller, wie er von Crüger aufgefordert wurde, sich an diesem Kampf gegen Nagel zu beteiligen. Ihm, Müller, sei an sich aller Eifer und Starrsinn fremd; er pflege vielmehr seine Argumente ruhig und sachlich vorzutragen. Im übrigen vertraue er auf das Vermögen der Wahrheit, sich aus eigener Kraft durchzusetzen: „Hinc neque ego de dignitate nostrarum artium multa in adversarium effundere volui."[111] Crüger aber sei der Meinung gewesen, daß so die gegen die Astronomie und gegen seine Person gerichteten Schmähschriften stillschweigend geduldet würden. Aus diesem Grunde habe er gegen Nagel schreiben müssen. Das Ergebnis ist eine 1622 in Leipzig erschienene Disputation mit dem Titel „Examen quaestionum duum famosarum hoc nostro perversissimo tempore". Respondent dieser von Müller geleiteten Disputation war der später noch zu erwähnende Wilhelm Avianus. Durch den Dresdner Johannes Seussius wurde jener Text Kepler zugeschickt, der sich wiederum in einem Brief vom 15. 7. 1622 bei Seussius dafür bedankt und die Bitte um die Vermittlung eines Briefwechsels mit Müller anschließt[112]. Das Ergebnis ist der von uns schon mehrmals herangezogene Brief Müllers vom 3. 8. 1622. Die Erwiderung Keplers (Linz, 10./20. 9. 1622) enthält weder Äußerungen über Müllers gegen Nagel gerichtete Schrift[113] noch Bemerkungen zu dessen so beweglich geschilderter persönlicher Situation. Es ist eines der den Charakter von wissenschaftlichen Abhandlungen tragenden Schreiben Keplers, wie wir sie in großer Zahl kennen. Da dieser Brief, der bestimmte Fragen Müllers nur zum Ausgangspunkt nimmt, somit allein für die Beschäftigung mit dem Denken Keplers von Interesse ist, braucht er uns hier nicht weiter zu beschäftigen[114].

Ob Müller auf dieses Schreiben geantwortet hat, ob er zwischen dem Herbst 1622 und dem Herbst 1629 überhaupt irgendeine Korrespondenz mit Kepler pflegte, ist nicht bekannt. Der einzige nach Leipzig gerichtete Brief Keplers aus jenen Jahren ist an den schon genannten Mathematiker Wilhelm Avianus gerichtet (3. 2. 1629)[115]. Obwohl Kepler dort auf sein schlechtes Verhältnis

111 KGW, S. 97.

112 KGW, S. 93–95.

113 KGW, S. 101–112. Einige meist zustimmende Äußerungen zu Müllers Arbeit enthält der Brief Keplers an Seussius.

114 Der mittlere Teil dieses Briefes (Zeile 166–320 des Abdrucks in KGW) war bisher nur durch eine in Pulkowo liegenden Abschrift bekannt. Unter den in der UB Leipzig gefundenen Briefen ist auch das Original dieses Briefteils entdeckt worden. Dadurch kann nun die in der Abschrift fehlende Datumsangabe ergänzt werden. Es ist der 10./20. 9. 1622. Da die Tinte an dieser Stelle jedoch stark verblaßt ist, was deren Lesbarkeit sehr erschwert, kann diese Angabe hier nicht mit letzter Sicherheit weitergegeben werden.

115 KGW, Bd. 18, S. 374 ff.

zu den Leipziger Druckern und Buchhändlern zu sprechen kommt, erwähnt er Müller nirgends, dessen Vermittlung in diesen Angelegenheiten er doch später recht eifrig in Anspruch nahm. Andererseits scheint Müller über die Schicksale Keplers gut unterrichtet gewesen zu sein. So kann er noch im August 1628 seinem Schüler Jakob Bartsch (1600–1633) von der am 7. desselben Monats erfolgten Übersiedlung Keplers nach Sagan Mitteilung machen[116]. Bartsch vermag daraufhin seine Bekanntschaft mit Kepler zu erneuern[117] und wird dessen Gehilfe für die geplante Herausgabe der Ephemeriden. Schließlich heiratet er am 2. 3. 1630 Keplers Tochter aus erster Ehe, Susanna. Seine sich auf diese Weise ergebende gleichzeitige Verbindung nach Leipzig und Sagan hat einmal für die Erneuerung des Briefverkehrs zwischen Müller und Kepler Bedeutung gewonnen zum anderen liegt darin der auch nach Keplers Tod fortdauernde Kontakt Müllers mit dessen Familie begründet[118].

Die folgenden Ausführungen zu den acht uns überkommenen, heute in Paris befindlichen Briefen Keplers an Müller vom Oktober 1629 bis zum September 1630 verzichten auf eine ins einzelne gehende Inhaltsangabe dieser schon mehrmals veröffentlichten Schreiben[119]. Da das dort enthaltene Material zur Lebensgeschichte Keplers bei dessen neueren Biographen bereits Berücksichtigung gefunden hat, braucht uns auch diese Frage nicht zu beschäftigen. Das alleinige Interesse gilt dem Charakter der Beziehungen zwischen Kepler und dem Leipziger Professor.

Den unmittelbaren Anlaß zur Wiederaufnahme des Briefwechsels bildeten die Publikationspläne des nun in weiter Entfernung zu allen kulturellen Zentren lebenden Kepler.[120] Müller soll ihm, dieses Thema zieht sich durch fast alle

116 Das geht aus einem auf den 1. 9. 1628 datierten Brief Bartschs an Kepler hervor, den er seiner in Leipzig erschienenen Arbeit „Motuum Coelestium Ephemeris Nova Tychonico-Kepleriana" (1629) voranstellte (s. Frisch, Bd. VII, S. 478 und Nova Kepleriana, Teil 4, S. 93 ff.).

117 Bereits 1625 war es zwischen Bartsch und Kepler zu einer flüchtigen Begegung in Ulm gekommen.

118 Von Bartschs Briefen an Müller haben sich 9 Schreiben erhalten. Acht davon befinden sich in der Pariser Bibilothèque de l'Observatoire, das neunte besitzt die UB Leipzig (s. Anhang). Die ersten vier der in Paris befindlichen Briefe aus dem Zeitraum April 1629–November 1630 sind durch v. Dyck auszugsweise veröffentlicht worden (Nova Kepleriana, Teil 4, S. 96 ff.). Die nach Keplers Tod geschriebenen Briefe (Januar 1631–September 1631) sind im Bd. 19 der KGW vollständig abgedruckt (S. 231 ff.). Einer der Briefe Müllers an Bartsch (8. 5. 1631) ist in den sich in Pulkowo befindlichen Kepler-Nachlaß geraten und hat sich so erhalten (veröffentlicht in Nova Kepleriana, Teil 4, S. 103 f.).

119 Zu den letzten Lebensjahren Keplers vgl. die entsprechende Sekundärliteratur, vor allem: Max Caspar: Johannes Kepler. Stuttgart 1948.

120 Die Briefe sind vollständig veröffentlicht in: Nova Kepleriana, Teil 4, S. 56 ff.

Briefe, bei der Beschaffung von Druckpressen, Typen und Papier behilflich sein. Tatsächlich konnte Kepler mit dem Beistand Müllers nach mannigfachen Schwierigkeiten eine Druckerei in Sagan einrichten und hier mehrere seiner vorgesehenen Veröffentlichungen unter die Presse geben.[121] Ein weiteres, oft wiederkehrendes Problem ist der Vertrieb jener Schriften. Da im 17. Jh. die Frankfurter Buchmesse der Leipziger gegenüber noch größere Bedeutung besaß, wickelte Kepler den Vertrieb seiner Publikationen meist über Frankfurt ab, mitunter in eigener Person. Die auf Bitten Keplers übernommene Aufgabe Müllers ist es, für die Weiterleitung der aus Sagan eintreffenden Bücherfässer nach Frankfurt Sorge zu tragen oder deren einstweilige Aufbewahrung bei Leipziger Buchhändlern zu veranlassen. Anfang September 1630 schließlich schickt Kepler den Bruder Jakob Bartschs, Friedrich, nach Leipzig (s. Brief vom 2. 9. 1630). Er soll die dort lagernden Exemplare der in Sagan gedruckten Ephemeriden (für die Jahre 1621–1636) in Empfang nehmen und nach Frankfurt bringen. Müller wird gebeten, dem jungen Mann mit seinem Rat bei solchen Fragen wie der Erstellung der notwendigen Angaben im Messekatalog und der Verteilung der vorhandenen Exemplare zur Seite zu stehen und ihm gegebenenfalls auch finanziell unter die Arme zu greifen. Den dritten inhaltlichen Schwerpunkt der Briefe bilden Mitteilungen Keplers zu familiären Problemen. Sie ergeben sich aus der Lehrer-Schüler-Beziehung zwischen Müller und Bartsch, die den Professor Anteil am Schicksal des ehemaligen Leipziger Studenten nehmen läßt. Es sind vor allem verwickelte, hier nicht zu schildernde Schwierigkeiten, die die geplante Eheschließung zwischen Bartsch und Susanna Kepler zu verhindern drohten (am ausführlichsten im Brief vom 13./23.11.1629). Müller, so der Tenor der Briefe, soll als väterlicher Freund Bartschs diesen im Sinne Keplers, dem diese Vermählung sehr erwünscht war[122], beeinflussen. Auffallend ist, daß in den Schreiben kaum noch von fachlichen, von astronomischen oder mathematischen Fragen die Rede ist[123]. Die einzige Ausnahme bildet der eingangs erwähnte bisher unbekannte Brief vom 18. 9. 1630. Allerdings sind aus den letzten Lebensjahren Keplers insgesamt sehr wenige Briefe

(teilweise mit dt. Übersetzung und mit sehr umfangreicher Kommentierung) und im 18. Bd. der KGW. Die Schreiben tragen folgende Daten: 17./27. 10., 13./23. 11. 1629, 4. 1., 16./26. 1., 27. 2., 22. 4., 26. 8., 2. 9. 1630.

121 Die von Kepler in Sagan gedruckten Schriften sind verzeichnet in: Nova Kepleriana, Teil 4, S. 83–85.

122 Das geht aus dem Briefwechsel Keplers mit M. Bernegger in Straßburg, der ebenfalls in diesem Sinne auf Bartsch Einfluß nehmen sollte, hervor.

123 Lediglich in dem Brief vom 17./27. 10. 1629 ist ein Absatz über die „Astronomia Danica" des Longomotanus enthalten. Im Brief vom 27. 2. 1630 bittet er Müller um sein „ethisches Urteil" (das astronomische werde Müller ohnehin abgeben) über den „Chinesischen Brief".

wissenschaftlichen Inhaltes zu verzeichnen. Selten nur noch kommt es zu den für Kepler typischen, an Privatpersonen gerichteten Briefen, die in einer Zeit der fehlenden Fachzeitschriften den Ersatz für die Veröffentlichung kürzerer wissenschaftlicher Abhandlungen darstellten. Andererseits ist natürlich die fragmentarische Überlieferung der Kepler-Briefe zu berücksichtigen sowie der Umstand zu beachten, daß die wichtigsten Briefpartner Keplers in dieser Zeit (Bernegger, Wallenstein bzw. dessen Hofleute) keine Naturwissenschaftler waren. Da uns keine Zeile der Briefe Müllers überliefert ist, wissen wir nicht, ob dieser sich in seinen Antworten auf jene angesprochenen technischen und familiären Themen beschränkte, oder ob er (wie 1622) versuchte, Keplers Rat und Hilfe bei der Bewältigung unverstandener fachlicher Probleme einzuholen.

Eine gewisse Korrektur erhält nun dieser bisherige Wissenstand durch die in der UB Leipzig aufgefundenen Briefe Keplers und Bartschs vom September 1630. Die Situation zur Zeit ihrer Abfassung ist folgende: Kepler ist bereits entschlossen, eine Reise zum Kurfürstentag in Regensburg anzutreten, in der Hoffnung dort wenigstens einen Teil der ihm vom Kaiser geschuldeten Gelder in Empfang nehmen zu können. Der Weg soll ihn über Leipzig und Nürnberg in die Mauern der Donaustadt führen. Der Vorbereitung seines Aufenhalts in der Messestadt gilt der erste Teil seines Schreibens, mit dem er zugleich zwei Briefe Müllers vom 24. und 29. 8. beantwortet. Diese haben aber, das geht aus Keplers Antwort hervor, nicht nur den Eingang der Büchersendung Keplers vom 26. 8. (gregorianischer Kalender) bestätigt und ihn nach Leipzig eingeladen, sondern auch Probleme „unserer Kunst" berührt, auf die Kepler in aller Eile (der Wagen steht kurz vor der Abfahrt) zu antworten sucht. Diese uns im einzelnen nicht bekannten Fragen standen allem Anschein nach in Zusammenhang mit seinen Vorlesungen an der Universität. Aus dem bisher unbekannten Brief Bartschs vom 25. 9. erfahren wir, daß Müller schon 1630 über die Anwendung der Rudolfinischen Tafeln las. Auf daraus sich für ihn ergebende Schwierigkeiten muß Müller Kepler gegenüber eingegangen sein. Zugleich geht aus Keplers Äußerungen hervor, daß Müller den soeben erschienen Ephemeriden-Band, in dem es ja ebenfalls um die praktische Anwendung der in den Rudolfinischen Tafeln gesammelten Beobachtungen geht, studiert haben muß. Besonders schwer verständlich scheint ihm die Anwendung der Logarithmenrechnung für die Ermittlung des geozentrischen Ortes eines Planeten gewesen zu sein, denn sowohl Kepler als auch Bartsch gehen in ihren Briefen ausführlich auf dieses Thema ein. Auch die übrigen Ausführungen Keplers bewegen sich innerhalb des gleichen Gedankenkreises der sphärischen Trigonometrie.

Eine interessante Ergänzung stellt der nur eine Woche später geschriebene Brief Bartschs an Müller dar. So erfahren wir, daß Müller Berechnungen einer Sonnenfinsternis (vom 10. 6. 1630) angestellt hatte, die über Bartsch Kepler zugeleitet wurden und nun mit dessen Anmerkungen versehen nach Leipzig zurückgeschickt werden sollen. Über verbleibende Zweifel möge sich Müller mit Kepler persönlich in Leipzig aussprechen. Bemerkenswert ist auch, daß sich Bartschs Lehrer über den oft schwer verständlichen Charakter der Ausführungen Keplers beklagt haben muß. Das sei, erklärte ihm Bartsch, nicht in einer besonderen Geheimniskrämerei begründet, sondern in dem überragenden Geist Keplers, der ihn über die Schwierigkeiten anderer beim Erfassen bestimmter Sachverhalte hinwegsehen ließe. Im übrigen teile er, Bartsch, die Zweifel Müllers, denn er sei ja auch genauso dessen Schüler wie der Keplers. Welche gegen Kepler gerichteten konkreten Zweifel Müller geäußert haben mag, ist aus dem Textzusammenhang leider nicht zu erkennen. Schließlich bittet Bartsch, Müller möge ihm etwas über den Inhalt seiner Vorlesungen über die Rudolfinischen Tafeln, von denen er gehört habe, mitteilen.

Viel bleibt uns über die Beziehungen Keplers zu Müller nicht mehr zu berichten. Am 8. 10. verläßt er Sagan und trifft 6 Tage später, am 14. 10., in Leipzig ein. Über seinen dortigen Aufenthalt, der mindestens bis zum 21. 10. währte, wissen wir leider nichts. In seinem letzten uns erhaltenen, am 21. 10. in Leipzig geschriebenen Brief[124] berichtet Kepler lediglich, daß er bei Müller abgestiegen sei und stellt diesen seinem Briefpartner (Bernegger) kurz vor. Ob er, wie von ihm im Brief vom 18. 9. befürchtet, seitens der Universität und der Stadt offiziell empfangen worden ist, wen er in Leipzig traf, welche Geschäfte er hier abwickelte, alles das wird wohl immer im Dunklen bleiben. Wenige Tage nur noch waren dem großen Gelehrten vergönnt. Über Nürnberg kommend erreichte er am 2. 11. Regensburg. Er sollte die Stadt nicht mehr verlassen. Nach kurzer und schwerer Krankheit starb er dort am 15. 11. 1630.

Das Ende Keplers ist jedoch noch nicht das Ende unseres Berichts über Philipp Müller. Als Nachtrag bleiben uns noch einige Sätze über die Beziehung Müllers zur Familie des Verstorbenen in den folgenden Jahren. Diese sind angefüllt mit dem ermüdenden und wenig erfolgreichen Ringen um die Eintreibung der Summen, die der Kaiser Kepler schuldig geblieben war, mit dem Kampf um die Bewahrung des wissenschaftlichen Nachlasses Keplers und mit dem Versuch, einige der von diesem geplanten oder begonnenen literarischen Vorhaben auszuführen. Für die ersten Monate dieses Geschehens (Januar bis September 1631) bilden einige umfangreiche Briefe Bartschs an Müller überhaupt unsere wichtigste Quelle. Eine entsprechende Auswertung haben sie daher in den bisherigen Darstellungen der abenteuerlichen Schicksale des Kepler-Nachlasses gefunden.[125] Für uns anzumerken bleibt höchstens, daß Mül-

124 KGW, Bd. 18, S. 446.

125 Vgl. insbesondere: Martha List: Der handschriftliche Nachlaß der Astronomen Johannes Kepler und Tycho Brahe. München 1961.

ler durch die Übernahme der Patenschaft für Bartschs Sohn gleichsam in familiäre Beziehungen zu seinem ehemaligen Schüler tritt.[126] Daß aber auch nach dem plötzlichen und frühen Tode Bartschs die Verbindung Müllers nach Lauban nicht abriß, bezeugt ein in der Leipziger UB aufgefundener Brief von Susanna Kepler, der Witwe Bartschs, vom Januar 1636. Mit bewegten Worten schildert sie dem „Herrn gefadter" die Gründe, die sie zu einer erneuten Heirat führten, gibt sie ihrer Hoffnung Ausdruck, Müller bald in Leipzig treffen zu können und bittet ihn schließlich um Ratschläge „wie man aus den getruckten und ungetruckten büchern Etwas zu geldte machen kindte". Mit ihrem Bruder sei „hierin wenig anzufangen". Hinter diesem Verkaufsangebot scheint Martin Hiller, der neue Ehemann der Susanna, gestanden zu haben. Seine hohe Verschuldung, von der der gleiche Brief berichtet, wird ihn auf diese eventuelle Geldquelle aufmerksam gemacht haben.

Diese Vermutung wird von einer dritten Seite bestätigt. Zu den Interessenten am Nachlaß Keplers, zu dem auch die höchst wertvollen Beobachtungsjournale Brahes gehörten, zählte auch der Rat von Danzig. Er beauftragte den schon mehrfach genannten Astronomen Peter Crüger mit den entsprechenden Recherchen. Über Crügers Schritte sind wir durch seinen Briefwechsel mit Müller gut unterrichtet.[127] So versuchte er die anscheinend bekannten engen Beziehungen Müllers zur Tochter Keplers zu nutzen, indem er seinen Brieffreund bat, ihm einen Katalog der zu veräußernden Schriften des Nachlasses zu besorgen und darüberhinaus zu klären, ob die Beobachtungen Brahes sich darunter befinden, ob der Kaiser auf sie Anspruch erheben könne, ob die Witwe (Bartschs) bereit sei, alles das zu verkaufen. Die Antwort Müllers auf diesen Fragenkatalog kennen wir nicht. Erneute Verhandlungen Crügers im Jahre 1635, diesmal mit dem Sohn Ludwig Kepler, führen jedenfalls nur zu einem negativen Ergebnis. Bis hierher sind diese Vorgänge durch die Pariser Brieffunde bekannt. Aus einem Brief Crügers vom Herbst 1636, der ebenfalls zu der in der UB Leipzig befindlichen Müller-Korrenspondenz gehört, erfahren wir nun, daß es noch ein Nachspiel in dieser Angelegenheit gegeben hat. M. Hiller habe ihm, berichtet Crüger, die Schriften Keplers und Brahes zum Kauf angeboten, vorausgesetzt, Ludwig Kepler gäbe seine Einwilligung. Dieser habe auf eine entsprechende Anfrage seinerseits jedoch unmögliche Bedingungen gestellt, die er dem Rat von Danzig gar nicht erst mitteilen wollte: „Und so habe ich alle Hoffnung auf den Besitz dieser Schriften aufgegeben." Hiller wiederum habe ihm nicht einmal bestimmte, ihn interessierende Beobachtungsdaten Brahes, um die er gebeten hatte, mitgeteilt.

126 Brief Müllers an Bartsch vom 8. 5. 1631 (s. Anm. 118).
127 In Auszügen veröffentlicht (Nova Kepleriana, Teil 4, S. 105 ff. und in Bd. 19 der KGW).

ANHANG: DIE TEXTE DER IN DER UB LEIPZIG BEFINDLICHEN BRIEFE DER KORRESPONDENZ PHILLIPP MÜLLERS (AUSWAHL)

Einleitung

Ostern 1914 gelang dem Kepler-Forscher Walther von Dyck in der französischen Nationalbibliothek bzw. in der Bibliothek der Pariser Sternwarte die Entdeckung einer Anzahl von Briefen, deren Empfänger der Leipziger Mathematikprofessor Phillipp Müller war. Die Glanzstücke dieser Sammlung bildeten neun Briefe von Johannes Kepler an Müller und ein Brief Keplers an Johannes Seussius.[128] Soweit v. Dyck ermitteln konnte, stammten diese Briefe aus dem Besitz des französischen Astronomen Joseph Nicolas Delisle (1688–1768), der sie wiederum in Deutschland erworben hatte. Die Frage nach der genaueren Herkunft der Briefe blieb offen. Achtundsechzig Jahre später, im Sommer 1982, konnte in der Leipziger Universitätsbibliothek eine weitere Gruppe von Briefen aus der Korrespondenz von Müller entdeckt werden. Es handelt sich um folgende Schreiben:

1. Schlußteil des Briefes von Kepler an Müller vom 10./20. 9. 1622 (s. Anm. 114)
2. Brief Keplers an Müller vom 18. 9. 1630
3. Brief von Jacob Bartsch an Müller vom 15./25. 9. 1630
4. Brief von Keplers Tochter Susanna an Müller vom 5. 1. 1636
5. Zwei Briefe von Peter Crüger an Müller aus den Jahren 1636/37
6. Brief von Joachim Klein an Müller vom 27. 11. 1628
7. Abschriften der in Paris befindlichen Briefe J. Bartschs vom 30. 4., 29. 7./8. 8. 1629, 9./19. 1. 1630 und Sethus Calvisius' vom 5. 3. 1612.

Alle diese Briefe befanden sich in einem Paket, daß in der Hauptsache den Teilnachlaß des Astronomen Gottfried Kirch (1639–1710) enthält (31 Briefe von Kirch, 70 Briefe an Kirch; Signatur: Ms 01322). Es besteht keinerlei Zweifel darüber, daß die Pariser und Leipziger Briefe ursprünglich zusammengehörten. Ein bei den Leipziger Briefen aufgefundenes altes Inhaltsverzeichnis der Korrespondenz Müllers (insgesamt 52 Nummern) führte beide Briefgruppen in einer Zählung an, mit der auch die Briefe am unteren Blattrand versehen worden sind. So trägt der Brief Keplers vom 18. 9. 1630 die Nr. 23, der Bartschs

128 W. v. Dyck konnte sie zusammen mit Max Caspar erst 13 Jahre später veröffentlichen (s. Anm. 3).

vom 15./25. 9. 1630 die Nr. 5.[129] Beide Nummern fehlen in der Pariser Sammlung, worauf v. Dyck ausdrücklich hinweist. Es kann auch keine Frage sein, daß sich diese Briefe früher im Besitz von G. Kirch befanden. Die oben unter Punkt 7 genannten Abschriften sind eindeutig von Kirchs Hand angefertigt worden und sind auch mit einer Nummerierung versehen, die der der Originalschreiben entspricht. Diese müssen also Kirch vorgelegen haben. Nach der Angabe v. Dycks befindet sich in der Pariser Sternwarte eine Sammlung von Briefen, die an Kirch gerichtet sind. Auch sie sind durch Delisle nach Frankreich gekommen. Man wird fast mit Sicherheit davon ausgehen können, daß die Abschriften derjenigen Pariser Briefe, deren Originale verlorengegangen sind, ebenfalls von Kirch angefertigt wurden. Auf welchem Wege nun Kirch in den Besitz der Müller-Korrespondenz gekommen ist, läßt sich gegenwärtig nicht sagen. Sein Nachlaß ist heute über mehrere Orte Europas zerstreut[130]. Das betrifft sowohl das von ihm gesammelte Beobachtungsmaterial, wenn dies heute auch immerhin zum größeren Teil in der Akademie der Wissenschaften der DDR in Berlin aufbewahrt wird[131], als auch seinen Briefwechsel. Sicher ist wiederum, daß mindestens die Kepler-Briefe aus dem Nachlaß Kirchs in dem Besitz seines Freundes und Schülers Ulrich Junius (1670–1726) gekommen sind. Junius berichtet darüber in einer Rede, die er anläßlich seiner Ernennung zum Prof. der Mathematik in Leipzig hielt[132]. Dunkel ist wieder der Weg, auf dem die Briefe in die Hände von Delisle gekommen sind. Offenkundig gehörten auch die in Paris und Leipzig befindlichen Briefe aus dem Kirch-Nachlaß früher zusammen; es sind in beiden Orten durchweg Schreiben der gleichen Briefpartner. Insofern ist die Vermutung Wattenbergs, Delisle habe den Briefnachlaß von Kirchs Witwe in Danzig erworben[133], nicht sehr wahrscheinlich. Die Kepler-Briefe hätten dann wieder aus der Verfügung von Junius in die von Margarete Kirch übergehen müssen und hätten dann zusammen mit einem Teil der an ihren Mann gerichteten Briefe von ihr an Delisle veräußert werden müssen.

129 Die Crüger-Briefe tragen die Nummern 51 und 52. Der Brief von J. Klein gehört nicht zu dem gezählten Bestand.

130 Vgl. die ausführliche Aufstellung bei D. Wattenberg: Zur Geschichte der Astronomie in Berlin im 16. bis 18. Jh. Eine Quellenüberschrift. In: Die Sterne. 48. Jg. (1972), Heft 3 u. 49. Jg. (1973), Heft 2.

131 Vgl. H. Battrê u. D. B. Herrmann: Astronomennachlässe im Archiv der Deutschen Akademie der Wissenschaften zu Berlin. In: Monatsberichte der Dt. Ak. d. Wiss. zu Berlin. Bd. 12, Heft 6 u. 7 (1970), S. 531–540.

132 Ulricus Junius: Programma ad Orationem inauguralem Professiori ordinariae Mathematum d. 1. Julii 1711 praemittendam. Leipzig 1711. Das Exemplar dieser sehr seltenen Schrift in der UB Leipzig wird vermißt. Von anderer Seite konnte sie bisher nicht beschafft werden.

133 Wattenberg, a. a. O., S. 104.

Zu einem unbekannten Zeitpunkt wären dann die restlichen Briefe aus den Nachlässen von Müller und Kirch zurück nach Leipzig gekommen. Es ist eher zu vermuten, daß Delisle über Junius in den Besitz der Briefe gekommen ist. Diese Annahme wird auch durch den Umstand gestützt, daß sich in dem Leipziger Kirch-Nachlaß nicht nur die Müller-Briefe fanden, sondern außerdem noch eine erhebliche Zahl von Schreiben deren Adressat Junius war. Einen sicheren Anhaltspunkt haben wir erst wieder aus der Mitte des 19. Jh. In dieser Zeit befanden sich die Briefe bereits in der Leipziger UB. Das bezeugt eine Notiz des Bibliotheksdirektors Karl E. Gotthelf Gersdorf (1804–1874), in der er auf das Fehlen jener im Inhaltsverzeichnis (s. o.) angegebenen Briefe hinweist, die sich damals bereits gut einhundert Jahre in Paris befanden, was Gersdorf freilich nicht wissen konnte. Aus den Briefen des Kirch-Nachlasses sind damals aus unbekanntem Grund sieben Schreiben des als Astronom bekannt gewordenen Pfarrers Georg Samuel Dörffel ausgewählt und in den verzeichneten Handschriftenbestand der UB eingegliedert worden[134]. Alle anderen Stücke samt der kostbaren Kepler-Autographe sind eigenartigerweise dem völligen Vergessen anheim gefallen.

Der Kepler-Brief vom 18. 9. 1630 hat einen Umfang von 79 Zeilen. Da der Rand des Briefes teilweise weggebrochen ist, fehlt bei den Zeilen 1–23, 34 bis 37 u. 46–48 der Schluß. Im folgenden ist versucht worden, diese Zeilenenden zu ergänzen. Es sind dies die in eckige Klammern gefaßten Buchstaben. Wo mir Ergänzungen nicht möglich waren, stehen Punkte. Von Kepler wieder gestrichene Teile stehen in runden Klammern.

Da im Brief der Susanna Kepler Groß- und Kleinschreibung nicht immer eindeutig zu unterscheiden ist, wird bei der Wiedergabe des Textes die Kleinschreibung angewendet (außer Satzanfänge und Eigennamen). Der besseren Verständlichkeit wegen ist mitunter statt des Kommas ein Punkt gesetzt worden.

1. Brief von Johannes Kepler an Philipp Müller vom 18. 9. 1630

„Clarissime Excellentissimeque Vir, D. Amice pretiose. Accepi [litteras] tuas, de 24 et 29 Augusti[135], plenas officiorum et benevolent [iae signi]ficatione. In primis de dolijs meis[136] narras diligenter omnia . . . obsignat insignis humanitas

134 In der bisherigen astronomiegeschichtlichen Literatur sind sie daher schon mehrmals beachtet worden, zuletzt in: J. Dorscher und R. Möller: Georg Samuel Dörffel – ein fast vergessener Astronom des 17. Jh. In: Die Sterne. 59. Jg. (1983), S. 259–269.

135 Für die folgenden Äußerungen Keplers ist zu beachten, daß Müller den julianischen Kalender verwendet, Kepler aber den gregorianischen.

136 Es handelt sich um 600 Exemplare der Ephemeriden verschiedener Jahre, die Kepler am 26. 8. nach Leipzig geschickt hatte.

tua, dum me invitas in tuam [domum] siquidem sim adventurus. Quantum id cupio facere, tantum m[ihi] moratur metus, ne tuus insignis in me amor mihi sit occa[sio in]signis et molestiae et pudoris. Ego, mi Philippe, si possem te . . . nihil haberem antiquis; cirumspiceres sub aliquo tecto vicino [aut] angulo aliquo recondito habitationis tuae locum, ubi meo equo [morbo]so et mucoso, stramen substernerem et situlam apponerem ex qua [ede]ret avenam, quam meis sumptibus anteparares, cum minutali str[ami]neo et foeni manipulis aliquot. At jam et Avianus[137] invitat ad [se.] Et ni fallor coniurastis ad me protrahendum in Prytaneum vestr[um] sic enim interdum et alibi me factum. Quem vero hominem ? Ph[iloso]phum non gloriatione vana, et mendacjo aureo; sed plane reipsa ... est, et veste et impentia Caeremoniarum in Academijs recens nota[ta] adde et male instructum numis ad tuendam officij mutui speciem [de]nique somni mancipium merum, ubi primum nox aut lassitudo m[ea] quae praecipua inofficiosj hominis infamia me omnibus locis oppri[munt] ut ne Caesar ipse me authoritate et Majestate vultus sui possit imped[ire] non magis a somno, quam a morte. Adde denique temporis angu[lum] et dolorem igitur ingentem ab ejus jactura, per speciem officij.

Posteriores literae artem nostram attingunt. Etsi adhuc in ani[mo] habeo, videre Lipsiam: quia tamen occasiones incertae sunt: scribam qu[an]tum patitur auriga abituriens. Nulla secreti causa sed sola loci angustia exclusit expositionem modi mei. Is est quadamtenus inartificialis[138]; captat enim passim proportiones. Summae laterum ad differentiam effabiles; ut ex Heptacosiade possit excerpj proportio. Multis talibus Logarithmis passim tota serie tabulae despositis, deinceps loca nondum plena, deductione implentur. Verbi causa. Sint latera (durchgestrichen: Sint latera 10 und Sit laterum proportio) 150000 · 100000. Eorum proportio est eadem, quae 60. ad 40. Ergo eorum proportionem exprimit Loga-

137 Über Wilhelm Avianus, den Respondenten der gegen Nagel gerichteten Disputation (s. o.), ist so gut wie nichts bekannt. Er hat mit Kepler im Briefwechsel gestanden. Ob ihm Kepler mehr als den einen uns bekannten Brief (s. Anm. 115) geschrieben hat, läßt sich nicht sagen. In seinem Schreiben vom 13./23. 11. 1629 bittet Kepler Müller darum, ihn bei Avianus wegen des Ausbleibens einer Antwort auf dessen Brief zu entschuldigen. Auch sonst wird in Keplers Briefen an Müller Avianus mehrmals erwähnt.

138 Die folgenden Ausführungen betreffen die Anwendung der Logarithmenrechnung bei der Ermittlung der geozentrischen Orte der Planeten. Zur schnellen Erfassung des für diese Rechenoperation notwendigen Index (Quotient aus Differenz und Summe der Abstände Sonne – Erde und Sonne – Planet) hatte sich Kepler Tafeln angelegt (s. Volker Bialis u. Elli Papadimitriou: Materialien zu den Ephemeriden von Johannes Kepler. Nova Kepleriana. Neue Folge, Heft 7. München 1980, S. 176 f.). Nach der Erfindung der Logarithmen verwendete Kepler sie bei der Errechnung dieser Index-Werte.

rithmus ad 40, scilicet 40 546.5[1]. Summa laterum est 250 000, differentia 50 000. Horum proportio est eadem quae inter 60 et 12. Sed ad 12 Logarithmus est 160 943.79. Quando ergo est proportio laterum expressa numero 40 546.51: tunc Logarithmus indicis est 16 094[3.79]. Cum vero utile sit, in tabulis esse rotundos numeros proportionis lateru[m] verbi causa 40 500 et 40 600: prima est ἀτεχνία tabulae meae, rotun[dis]istis assignare suum Logarithmum Indicis exactum, ex vicino expresso. Altera ἀτεχνία, constitutis Logarithmis indicis ad rotundos tales, passim dispersos, assignare et reliquis rotundis inter medijs sua. Itaque tabulam quidem omnino fieri et in usu esse expedit: at ea corrigi debet in extremo digito per methodum Barbavariae, seu Neperij potius. Hinc et vides cur tabula debeat excedere terminos Planetarum; ut scilicet sit universalis, pro omnibus rectilineis datorum binorum laterum, cum angulo comprehenso.

Male accepta video verba mea; (durchgestr.: s hinter accepta) nam mihi animus non fuit exprobrare Barbavariae propalationem; sed retundere hominis jactontiam[139]; qui ... hac re scripist ad Caesarem, accusans meas Tabulas ἀτεχνίας, et glori[ficans] cum hoc suo invento, ac si non id ego studio neglexerim in Tabularum [con]ceptis: et quod, nisi Tabula struatur, inqua usu versetur, perpetua crux est memoriae, propter casuum varietatem.

Etiam Maginus Tabulam aequationum Martis reduxit ad modum usitatum, in Supplemento Ephemeridum[140]. Nihil mihi fuit facilius ista re. At fecerit hoc is, qui novationem odit hypothesium particularium. Ego publice profiteor causas motuum physicas: ego doceo computare non ex orbibus solidis, sed ex causis physicis: cur quod una manu aedificio, alteru destruam, causas physicas tegam, sublata distinctione inter aequationis partem physicam et opticam?

Intercolumnium[141] exhibet, quanta portio coaequatae Anomaliae sequatur ad unum integrum et rotundum gradum Anomaliae mediae. In Intercolumnio potestate inest illa reductio aequationum ad modum usitatum. Ex omnibus in intercolumnijs invicem additis consurgit summa 180 °. Est vero stulta res, docere homines, quae via ducat Sagano Lipsiam, ut inde veniatur Ratisponam,

139 Es geht hier um die Auseinandersetzung Keplers mit Ludwig Barbavaria (gest. 1638, Kleriker in Mailand) in der Vorrede zu den Ephemeriden von 1629 (Frisch, Bd. VII, S. 569 ff.).

140 Giovanni Antonio Magini (1555–1617, Prof. der Astronomie und Mathematik in Bologna): Ephemerides Coelestium motuum ab anno 1598 ad annum 1610. Venedig 1599.

141 Die Intercolumnien sind Spalten in den Tabulae Aequationum der Rudolphinischen Tafeln, mit deren Hilfe die Bestimmung der wahren Anomalie möglich ist (s. Volker Bialas: Die Rudolphinischen Tafeln von Johannes Kepler. Mathematische und astronomische Grundlagen. Nova Kepleriana. Neue Folge, Heft 2. München 1969, S. 23 ff.).

propterea solum quia antiquitus sic assueverunt homines: cum reperta dudum sit brevior, quae Sagano ducit (gestr.: ur) Pragam, et sic Ratisponam. Imo docendi sunt homines adsuescere breviorj et familiariori causis veris physicis.

Tabulas subsidionas exactas gener meus in parato habet; is voto tuo satisfaciet. De reliquis forto coram. Adest auriga. Vale deo commendatus. Dabam Saganj 18. Sept. 1630.

Cl. Exc. T. Officiose colens
J. Kepler
Mathematicus

Auriga hic affert 610 Exemplaria ab anno 1621 in 1627, partim 1628. Ut sic sint jam plena 610. Sed haec completa Exportabunt Bartschij reditum aut meum adventum.

Rogo percontetur Ex. d. T. a Voigtianis utrum putant, Bartschium finitis demum nundinis Francofurti reversurum Lipsiam. Id si est, aut si incertum est literae hae sunt ad ipsum mittendae. Rogo tamen d. T. prius illas legat reseratas, ut si forte aberraverint ab ejus occursu, referre contenta possis.

2. Brief Jakob Bartschs an Ph. Müller vom 15./25. 9. 1630

Salut et off. perpet.

Ad binas Excell. T. gratissimas, Vir praeclarissime, Fautor peramice honorande, breviter nunc respondeo, quae a me resciscere desideras, quaeque a me potes. Calculum nuperae Eclipseos Solaris[142] Excell. T. manu scriptum Dn. Socero Saganum miseram, pro petitio tuo discutiendum, et ut ipse coram Lipsiae redderet explicaretque monueram, siquidem ad vos tunc abire constituerat: verum cum Fratrem ibi praemitteret, Laubam veniens, ipsum domi reliquerat. Eum itaque nuper a me repetitum, modo remisit, additis notis et animadversionibus suis, quas videbis in tua charta hic adiuncta: hanc propterea ispam nunc adventui ipsius (quantum mihi constat, adhuc certo volente Deo, ad nundinas vestras futuro) praemittere volui, ut eas pellegere, deque dubijs residuis cum ipso

142 Es kann sich dabei nur um die totale Sonnenfinsternis vom 10. 6. 1630 handeln (s. Th. Ritter v. Oppolzer: Canon der Finsternisse (Denkschriften der Kaiserl. Akademie der Wiss. zu Wien. Math.-Nat.-Classe. 52. Bd.) Wien 1887, S. 270) Kepler berichtet in den Ephemeriden der Jahre 1629–1636 über diese Finsternis (Frisch, Bd. VII, S. 575 f.). Ein Schüler Müllers, der später durch seine Reise nach Rußland und Persien bekannt gewordene Adam Olearius, hat einen Bericht über die in Leipzig angestellte Beobachtung dieser Finsternis verfaßt: Kurtze Erinnerung und Bericht von der grossen und erschrecklichen Sonnenfinsterniß So dieses 1630. Jahres den letzten Maii bey uns zu Leipzig umb halbweg 7 Uhr nach Mittag sich sehen lesset. Leipzig o. J. (1630).

coram disserere queas. Ipsam vero per Fratrem remittas velim, ut et ego exactius in singula inquiram: Hactenus enim ob alia variaque impedimenta, non potui Eclipsium calculum satis et infricatum et dubium pro dignitate fractare vel in minutijs assequi. Observationem ejus Tubingensem a Dn. Schickardo habitam, a Dn. Berneggero mihi tramissam, addere libet: legas, cumque Fratre ad nundinas remittas. Autographum misi Dn. Socero. Logarithmos Indicis quod attinet, eorum Tabulam extruendi methodus a Barbavaria ponitur satisfactis, quam praefationi in ann. 1629 inseruit Dn. Socer. Eiusdem fundamentum a Dn. Socero adhibitum ponitur in Epit. fol. 751[143], Uterque construendorum Indicis Logarithmorum modus satis expeditus, pro certa tamen huius vel illius intentione et operatione. Si in alterutro quid a me addendum desiderabis, addam lubentissime, et quia Tabulam istam ad singulos Intervallorum proportionis centenarios ex ipsis fundamentis Logisticis refingere incepi, ut in ultimus Centenariorum numeris sit satis accurata, (tradita enim vix ad millenarios supputata, indequè diducta nimis (?) exacte) eam brevi, opinor, absolutam lubenter tecum communicabo. Haec et plura, quae volueris, rectius ex Dn. Socero cognosces coram, cum advenerit: nec enim ulla (ut proxime ad me tibi scribendum scripsit) ex suis inventionibus facere solet mysteria, ut ipse videbis audiesque. Unum hoc adde, quia pro suo miro et acuto genio et ingenio, aliorum metitur, et quam promter quamque recte aliquid sublime invenit, explicatque, tam facile ab alijs etiam intelligi putat cupitve, ideoque in verbis et scriptis obscuritatem vel saltem difficultatem saepius occurentem, tecum confiteor, quam tamen omnem interroganti lubenter tollet aut explicat. Gratissimum itaque mihi accidit, quod de dubijs tuis, quorum plaeraque etiam mea sunt, me mones, ut et a Te, et ab ipso in hoc studiorum genere rectius erudiar. Praesentes labores meos quod attinet, illi potissimum sunt destinati tam praeparatorijs compendiosis, pro altero Ephemeridum Tomo, intra annum (si vitam Deus et otium concesserit) absolvendo: (Indices enim plura compendia inventa laborem abbreviant et facilitant ita, ut iam Ephemeridas ex meis saepius refictis et adhuc refingendis Tabulis conscribere possit mihi, qui tantum addere et subtrahere potest, nulla adhibita parte proportionali). Quam Sphaeris meis Planetarum practicis seu theorijs manuarijs, quas iuxta Copernicanam Tabularum Rudolphinarum methodum, et Dn. Soceri Epitomen invenio perfectisimas, iucundissima facilimas. Quae enim in Tychonica facilius percipi videntur calculo, difficilius demonstrari oculo, ea in Copernico-Kepleriana facilius demonstrantur

143 Epitome Astronomiae Copernicanae. Liber sextus (erschien zusammen mit den Büchern 5 und 7 der Epitome 1621 in Frankfurt/M.). Auf der von Bartsch angesprochenen Seite 751 (KGW, Bd. 7, S. 426) behandelt Kepler die Frage: Quid est Index in Copernicana forma Astronomiae, et calculo motus Planetarum? Es ist das gleiche Thema, das im Brief Keplers eine Rolle spielt (s. Anm. 138).

iuxta causas Physicas, difficilius percipri videntur, ut aliquando patebit. Cum itaque calculum Tychonico-Keplerianum publice ab Excell. T. legi et demonstrari audiam, Tuarum meditationum et lucubrationum me quaeso participem facias: non n. credis, quam grata sint mihi Tua et methodica et intellectu facilima scripta: nec quicquam magis ad meas intentiones opto et desidero, quam ut omnia et Astronomica et Geometrica et alia tua pellegère possim. Iudicium Dn. Soceri te frivolis Hortensianis in Astronomos animadversionibus et audies brevi, et leges in additiuncula Ephemeridis 1624, cum reliquis praeteritis ad nundinas a Dn. Socero tradendis[144]. Interim moram aegre non feres. Exemplar Sportulae Fratri tradidi, quod ab ipso sine dubio recte accepisti. Epitomen Tampachius vendit. Ephemeridum exemplar integrum proximis nundinis vestris habere poterit a Dn. Socero, aut cuius erunt istae, quicunque voluent, destinato certo pretio, id quod eas petentibus interim significet velim. Tandem et hoc ab Excell. T. peto, ut mihi proxime scribat, an aliquid audierit vel legerit de insolita et incognita Martis occultatione, quam Anno 1615 Augusto, Septembri et Octobri coelo sereno (durchgestrichen: accidisse) Italice scribit Autor Italus[145]. Hunc ex Italia mecum allatum, inter reculas meas hic ante aliquot dies repertum iterum legi, et prima occasione Dn. Socero etiam scribam hactenus n. illius memoria exciderat. Plura ad tuas. Jam bene vale et salve, a me et mea, cum Tua, iterumque vale ac salve. Dab. Laubae 1630 15. 25. September.

Exc. T. Clariss.
aeternum devotus
J. Bartsch. D.

P. S. Pecuniam pro rerum mearum portorio erogatam nundinis hisce reddet Frater, a quo etiam chirographum tuum proxime sine dubio recepisti. Moram non aegre feras quaeso: gratias alias referam, dignas nunc ago habeoque. Schedam inclusam Fratri tradendam P. Judici Conterraneo quamprium tradas, qua monetur ut Lipsiae ad nundinas moretur, et Dr. Sorceum ibi expectet. Nova si quae sunt certa de vestro Electore, per eundem tramittas, reliquis inducenda, ut proxime.

144 Die Bemerkung Bartschs zielt gegen die von Martin Hortensius (1605–1639, holländischer Mathematiker) verfaßte Einleitung zu Philipp Lansbergs „Commentationes in motum Terrae ..." (Middelburg 1630). Die Additiuncula Keplers enthält der 7. Bd. der Werkausgabe von Frisch (S. 543).

145 Gemeint ist: Consideratione de S. G. Mesto Bassobrutti da Lanciano, intorno all'occultatione insolita, et incognita di Marte, occorsa l'Anno 1615. Venedig 1616.

3. Brief von Keplers Tochter Susanna an Phillipp Müller vom 5. 1. 1636

Nicht schreiben kan ich dem ehrenwerten gefadter was ich zu meinem verlassenen elenden witwenstandte von meines seligen herrn nechste bluts freundten, und dan auch von dem gottlosen gesindt und tagarbeitern, welches bey krigs zeiten noch frecher wirdt, vor unlust widwerdigkeit und troz habe zu mich fressen müssen. Von meiner stieffmutter wil ich nichts melden, sondern mechte von herzen gern ihren sambt meiner geschwisterdt jezigen zustandt wissen. Bin also auf fallen seidten eine recht verlassene, beängstigte und wolgeplagte betribte witib gewessen, welche deglich ihr brot mit threnen gessen, desen mir mäniglich zeignus geben wirdt. Aber was sol ich den herrn gefadtern mit mehrer weitleifftigkeit beschwern, massen ich meinen laubanischen zustandt nicht genugsam mindtlich erzelen, viel weniger schreiben kan. Suma es hatt mier kein mensch einzigen rath oder mitl an die handt geben kinen, wie ich mich mit meinen kindern ohne eüßersten verderb nur noch ein jahr bey diser verwisten statt (darinn wol der trite theyl der heyser auffrecht stehen bliben) noch hette auffhalten können. Hierauf der herr gefadter vernunfftig abnehmen kan was mich zu diser heyrath verursachet, auch warum ich anfangs so sorgfeldtig und zaghafft hierzu gewessen. Dan ich wol vermuttet, das er zu keinenn rosengardten treten wirdte, deswegen ich es herrn gefadtern threyen rath, als meines nechst gott und nunmehr meines lieben herrn besten freundts, mindtlich von herzen gewinscht, wie wol mich bis dato solche heirat nicht gereyet. Aber genug auff dismahl und bite mein langweiliges schreiben nicht ibel zu vermärken, dan das grose verthrauen zu dem ehrenwerten gefader mich allso sicher gemacht. Vüleicht gibt es künfftige ostermesse gelegenheit mit dem ehrenwerten gefader mehrens mindtlich zu reden, dan mich bedrückt mein herz zu erleichtern, wen ich ihnen alles mündtlich erzelen solte. Und befele den herrn gefadtern neben seiner gelibten jungen fraun dem threyen gott. Lauban den 5 januarij 1636

Susanna Hillerin
geborene Kepplerin

P. S. Mein gelibter herr welcher aus unbäßligkeit seine reis nach Leipzig einsteln müsen leßet den herrn gefadtern neben winschung eines glickseligen newen jahrs grissen, ist jezundt in geschefften zu gerlitz.

Da auch der herr gefadter ein zu rathen wiste, wie man aus den gedruckten und ungedruckten büchern etwas zu geldte machen kindte bite ich nicht zu undterlassen, dan bishero mein lieber schon auff die 500 daller, an schulden und ander sachen, ausgegeben. Wolen dem herrn gefadter der bücher verzeichnus zuschicken. Mit meinem bruder ist hierin wenig anzufangen als ich zu gelegener zeit den herrn gefadtern wol berichten wil.

4. Brief von Peter Crüger an Philipp Müller vom 23. 9. 1636 (Auszug)

Tantem de MSS Tychonis et Keppleri aliquid. Ineunte praeterito vere illa per literas mihi obtulit emenda Martinus Hylleru (Bartschianae Viduae, quantum colligo, novus maritus), sed ad ratificationem M. Lud. Keppleri. Scripsi ad Kepplerum (qui Regiomontani Sponsalia jam contraxit cum M. Reimeri Prof. Graecae Linguae, fortunae lautioris, filia). Is aut praescribit conditiones et graves (non nummarias eas sed alias) et rediculus, quarum ne mentionem quidem facere velim apud nostrum Magistratum. Atque ita spem omnem de his scriptis habendis abjicio. Sero eum subibit poenitentia, eum a Caesarianis extorquebuntur illa omnit, Tychonica praesertim, ne obulo quidem per illis reddito. Utinam tamen habere possem descripta verba Observationis, de qua inter me et Hortensium controvertitur! Observationem inquam habitam Anno 1587 die 18 Aug. ho. 7 etc petii eam per literas ab Hyllero (quod hominis est Vir ille? forte peccavi titulo: nihil enim vidi, praeter, Literatum esse) sed responsum non accipio. Si T. Exc. quod efficere possit, quaeso communi causae Tychonianae contra Lansbergianos ne desit . . . Dabam aequinoctis autumnali Anni 1636

Verzeichnis der veröffentlichten Arbeiten Philipp Müllers

1. De plantis in genere. Disputatio in Univ. Lips. Leipzig 1607
2. De orbibus problema physicum. Leipzig 1609 (Müller als Präses, Dorotheus Müller als Respondent)
3. Miracula chymica et Misteria medica. Wittenberg 1611
4. Dass. wie Nr. 3 unter dem Titel: Miracula chymica et Mysteria chymico-medica. Wittenberg 1616
5. Problema astronomico-geographicum de aequalitate et inaequalitate dierum artificalium et noctium. Leipzig 1611
6. De Cometa anni 1618. Leipzig 1618
7. De Cometa anni 1618. Accessit Abr. Rockenbachii tractatus de cometis ... Leipzig 1619
8. Hypotyposis Cometae nuperrime visi, una cum brevi Repetitione dotrinae Cometicae ... Leipzig 1619 (Müller als Präses, Joh. Praetorius als Respondent)
9. De aequalitate et inaequalitate dierum, problema astronomicum. Leipzig 1621 (Müller als Präses, Valerius Schuetz als Respondent)
10. Examen quaestionum duum ...: 1. An imagines et numeri stellarum rerumque caelestium portendant Ecclesiae et regnis Mundi fata sua. 2. An sit Astronomi mysticos numeros interpretari. Leipzig 1622 (Müller als Präses, Wilhelm Avianus als Respondent)
11. De Comitiis secularibus Politiae Coelestis, Sive De Conjunctionibus magnis superiorum Planetarum. Leipzig 1624
12. Eclogas mathematicas ex Aristotelis operibus. In: Joh. Aug. Vogel: Philosophia Aristotelica. Pars IV. Leipzig 1625
13. Dissertatio philologica de quatuor anni temporibus. Leipzig 1626.
14. Programma Studiosae Iuventutis Invitatorium ad Comparandam sibi Clavem matheseos Universalem. Hoc est ad discendam doctrinam Triangulorum Sphaericorum. Leipzig 1635
15. Studiosae Iuventutis ad Repetitionem Doctrinae Sphaericae ... Invitatorium Programma. Leipzig 1638
16. Miracula et mysteria chymico-medica. Amsterdam 1656

SITZUNGSBERICHTE DER SÄCHSISCHEN AKADEMIE DER WISSENSCHAFTEN ZU LEIPZIG

PHILOLOGISCH-HISTORISCHE KLASSE

Band 117

Heft 1 Prof. Dr. JOHANNES JAHN, Antike Tradition in der Landschaftsdarstellung bis zum 15. Jahrhundert 1975. 26 Seiten – 23 Abb. auf 21 Tafeln – 8° – M 8,–

Heft 2 Prof. Dr. JOACHIM MÜLLER, „Verwirrung des Gefühls". Der Begriff des „Pathologischen" im Drama Goethes und Kleists. Mit einem Exkurs: Zur dichterischen Pathographie im Drama des 19. Jahrhunderts 1974. 40 Seiten – 8° – M 3,50

Heft 3 Prof. Dr. JOACHIM MÜLLER, Goethes „Campagne in Frankreich". Epochenkritik, Umweltanalyse und Kontraststrukutur 1974. 42 Seiten – 8° – M 4,–

Heft 4 Dr. GÜNTER SCHMIDT, Die literarische Rezeption des Darwinismus. Das Problem der Vererbung bei Émile Zola und im Drama des deutschen Naturalismus 1974. 209 Seiten – 1 Ausschlagtafel – 8° – M 13,–

Heft 5 Prof. Dr. ERNST WERNER, Häresie und Gesellschaft im 11. Jahrhundert 1975. 83 Seiten – 8° – M 6,–

Band 118

Heft 1 Prof. Dr. RUDOLPH GROSSE, Dr. SIEGFRIED BLUM, Dr. HEINRICH GÖTZ, Beiträge zur Bedeutungserschließung im althochdeutschen Wortschatz 1977. 208 Seiten – 8° – M 22,–

Heft 2 Prof. Dr. ROLF LIEBERWIRTH, Die historische Entwicklung der Theorie vom vertraglichen Ursprung des Staates und der Staatsgewalt 1977. 54 Seiten – 8° – M 5,–

Heft 3 Prof. Dr. JOACHIM MÜLLER, Thomas Manns Künstlertum und Humanitätsgewissen 1976. 27 Seiten – 8° – M 2,50

Heft 4 Prof. Dr. HANS HIEBSCH, Wilhelm Wundt und die Anfänge der experimentellen Psychologie 1977. 22 Seiten – 8° – M 2,50

Heft 5 Prof. Dr. ERNST WERNER, Stadtluft macht frei. Frühscholastik und bürgerliche Emanzipation in der ersten Hälfte des 12. Jahrhunderts 1976. 96 Seiten – 8° – M 8,–

Band 119

Heft 1 Prof. Dr. WILHELM PÉE, Rechtschreibungsprobleme im Niederländischen. Mit einem Beitrag von Dr. HELGA HIPP, Probleme der niederländischen Rechtschreibung aus germanistischer Sicht 1977. 53 Seiten – 8° – M 5,–

Heft 2 Prof. Dr. GERTRUD SCHUBART-FIKENTSCHER, Goethes Amtliche Schriften. Eine rechtsgeschichtliche Untersuchung 1977. 72 Seiten – 8° – M 6,50

Heft 3 Prof. Dr. RUDOLF RŮŽIČKA, Historie und Historizität der Junggrammatiker 1977. 22 Seiten – 8° – M 3,–

Heft 4 Prof. Dr. GERTRUD SCHUBART-FIKENTSCHER, Christian Thomasius. Seine Bedeutung als Hochschullehrer am Beginn der deutschen Aufklärung 1977. 50 Seiten – 8° – M 4,50

Heft 5 Prof. Dr. JOACHIM MÜLLER, Shakespeare und ein deutscher Anfang: Die von Borcksche Übersetzung des „Julius Cäsar" von 1741 im Streitfeld von Gottsched und Johann Elias Schlegel 1977. 65 Seiten – 8° – M 5,–

Heft 6 Prof. Dr. HERBERT PEUKERT, Position einer Linguostilistik 1977. 93 Seiten – 8° – M 8,50

Band 120

Heft 1 Prof. Dr. LIESELOTTE BLUMENTHAL, Mozarts englisches Mädchen 1978. 29 Seiten – 8° – M 3,–

Heft 2 Prof. Dr. HANS-JOACHIM DIESNER, Westgotische und langobardische Gefolgschaften und Untertanenverbände 1978. 32 Seiten – 5 Abbildungen – 8° – M 4,–

Heft 3 Prof. Dr. WALTER DIETZE, „Ein würdiger Lehrer der Menschheit zu werden ..." Über Johann Gottfried Herders schriftstellerische Anfänge 1978. 22 Seiten – 8° – M 3,–

Heft 4 Prof. Dr. ROLF LIEBERWIRTH, Der Staat als Gegenstand des Hochschulunterrichts in Deutschland vom 16. bis zum 18. Jahrhundert 1978. 28 Seiten – 8° – M 3,50

Heft 5 Prof. Dr. RUDOLF MEYER, Gegensinn und Mehrdeutigkeit in der althebräischen Wort- und Begriffsbildung 1979. 31 Seiten – 8° – M 3,50

Heft 6 Prof. Dr. WERNER NEUMANN, Aufgaben und Probleme der heutigen Bachforschung 1979. 25 Seiten – 8° – M 3,–

Band 121

Heft 1 Prof. Dr. KARL CZOK, Vorstädte. Zu ihrer Entstehung, Wirtschaft und Sozialentwicklung in der älteren deutschen Stadtgeschichte 1979. 28 Seiten – 8° – M 3,–

Heft 2 Prof. Dr. HANS-JOACHIM DIESNER, Politik und Ideologie im Westgotenreich von Toledo: Chindasvind 1979. 35 Seiten – 8° – M 4,50

Heft 3 Prof. Dr. JOACHIM MÜLLER, Die dramatische Funktion von Mephistos Monolog in Goethes „Faust" I: „Verachte nur Vernunft und Wissenschaft ..." (V. 1851–1867) 1980. 32 Seiten – 8° – M 3,–

Heft 4 Prof. Dr. Dr. KURT RUDOLPH, Antike Baptisten. Zu den Überlieferungen über frühjüdische und -christliche Taufsekten 1981. 40 Seiten – 8° – M 4,50

Heft 5 Prof. Dr. CLAUS TRÄGER, Lessing – Kritik und Historizität 1981. 34 Seiten – 8° – M 3,50

Heft 6 Prof. Dr. ALBRECHT NEUBERT, Zu einigen aktuellen Problemen der lexikalischen Semantik 1981. 20 Seiten – 8° – M 3,–

Band 122

Heft 1 Prof. Dr. JOACHIM MÜLLER, Der vierte Akt im Zweiten Teil von Goethes „Faust". Aktion und Bezüge 1981. 26 Seiten – 8° – M 3,–

Heft 2 Prof. Dr. GERHARD DUDEK, Lew Tolstoi – Künstlerische Entdeckung und ästhetische Herausforderung 1981. 20 Seiten – 8° – M 3,–

Heft 3 Prof. Dr. ZSIGMOND TELEGDI, Ein Beitrag zur Lehre vom sprachlichen Zeichen 1981. 36 Seiten – 8° – M 4,50

Heft 4 Prof. Dr. ROLF LIEBERWIRTH, Eike von Repchow und der Sachsenspiegel 1982. 50 Seiten – 8° – M 5,–

Heft 5 Prof. Dr. ERNST EICHLER, Ergebnisse der Namenforschung im deutsch-slawischen Raum 1982. 48 Seiten – 8° – M 4,50

Heft 6 Prof. Dr. SIEGFRIED WOLLGAST, Die Philosophie in Deutschland von der Reformation bis zur Aufklärung – Hauptetappen und Tendenzen 1982. 59 Seiten – 8° – M 6,–

Band 123

Heft 1 Prof. Dr. EBERHARD BRÜNING, Sinclair Lewis und die endgültige Emanzipation der amerikanischen Literatur 1982. 25 Seiten – 8° – M 3,50

Heft 2 Prof. Dr. ERNST WERNER, Sultan Mehmed der Eroberer und die Epochenwende im 15. Jahrhundert 1982. 71 Seiten – 8° – M 7,50

Heft 3 Prof. Dr. WERNER NEUMANN, Über das funktionale Wechselverhältnis von Vokalität und Instrumentalität als kompositionstechnisches Grundphänomen 1982. 30 Seiten – 8° – M 4,–

Heft 4 Prof. Dr. KARL CZOK, Über Traditionen sächsischer Landesgeschichte 1983. 44 Seiten – 31 Tafeln – 8° – M 8,–

Heft 5 Prof. Dr. Dr. KURT RUDOLPH, Wellhausen als Arabist 1983. 57 Seiten – 8° – M 6,–

Heft 6 Prof. Dr. TERENCE FREDERICK MITCHELL, Soziolinguistische und stilistische Aspekte des gesprochenen Arabisch der Gebildeten (Educated Spoken Arabic) in Ägypten und der Levante 1984. 22 Seiten – 8° – M 4,–

Band 124

Heft 1 Prof. Dr. HANS HIEBSCH, Dr. RENATE HASCHKE, Methodologische Probleme der Psychophysiologie bei der Systemanalyse menschlicher Handlungen 1984. 26 Seiten – 11 Abbildungen – 8° – M 3,–

Heft 2 Prof. Dr. ALBRECHT NEUBERT, Diskurs über den Diskurs. Neue Denkanstöße in der Sprachwissenschaft oder Zur Gegenstandsbestimmung der Linguistik 1983. 16 Seiten – 8° – M 3,–

Heft 3 Prof. Dr. WERNER BAHNER, Kontinuität und Diskontinuität in der Herausbildung der romanischen Sprachwissenschaft 1983. 40 Seiten – 8° – M 4,50

Heft 4 Prof. Dr. RUDOLF RŮŽIČKA, Sprachwissenschaft und Sprachkunst. Ein Beispiel: Die Metapher 1983. 44 Seiten – 8° – M 5,–.

Heft 5 Prof. Dr. Joachim Müller, Das Alte und das Neue. Historische und politische Realität in Theodor Fontanes Roman „Der Stechlin" 1983. 34 Seiten – 8^0 – M 5,–

Heft 6 Prof. Dr. Karl Czok, Karl Lamprechts Wirken an der Universität Leipzig 1984. 30 Seiten – 1 Abbildung – 8^0 – M 4,–

Band 125

Heft 1 Prof. Dr. Ernst Eichler, Reinhold Trautmann und die deutsche Slawistik. Mit einem Beitrag von Gerald Wiemers 1984. 74 Seiten – 1 Tafel – 8^0 – M 8,–

Heft 2 Prof. Dr. Siegfried Wollgast, Zur Stellung des Gelehrten in Deutschland im 17. Jahrhundert 1984. 79 Seiten – 1 Abb. – 8^0 – M 7,50

Heft 3 Prof. Dr. Dr. h. c. Eberhard Poppe, Universalität der Menschenrechte – Idee und Realität 1985. 20 Seiten – 8^0 – M 3,–

Heft 4 Prof. Dr. Rudolf Forberger, Vom künstlerisch gestalteten Hartporzellan Böttgers zum technischen Porzellan im 19. Jahrhundert 1985. 30 Seiten – 4 Tafeln – 8^0 – M 4,–

Heft 5 Prof. Dr. Gerhard Dudek, Die Brüder Karamasow – Zur Struktur der Romane F. M. Dostojewskis 1985. 45 Seiten – 8^0 – M 4,50

Heft 6 Prof. Dr. Ulrich Ricken, Probleme des Zeichens und der Kommunikation in der Wissenschafts- und Ideologiegeschichte der Aufklärung 1985. 63 Seiten – 8^0 – M 6,–

Band 126

Heft 1 Prof. Dr. Eberhard Brüning, Ernest Hemingway – Humanist und Antifaschist 1985. 36 Seiten – 8^0 – M 4,–

Heft 2 Prof. Dr. Ernst Ullmann, Von der Macht der Bilder – Kunst und Reformation 1985. 25 Seiten – 16 Tafeln – 8^0 – M 5,–

Heft 3 Prof. Dr. Erich Donnert, Neue Wege im russischen Geschichtsdenken des 18. Jahrhunderts 1985. 73 Seiten – 8^0 – M 7,50

Heft 4 Prof. Dr. Albrecht Neubert, Dichtung und Wahrheit des zweisprachigen Wörterbuchs *In Vorbereitung*

Heft 5 Prof. Dr. Hans Hiebsch, Probleme der „sozialen Kognition" *In Vorbereitung*

Heft 6 Dr. Detlef Döring, Die Beziehungen zwischen Johannes Kepler und dem Leipziger Mathematikprofessor Philipp Müller. Eine Darstellung auf der Grundlage neuentdeckter Quellen und unter besonderer Berücksichtigung der Astronomie an der Universität Leipzig *Vorliegendes Heft*

Heft 7 Dr. phil. Sybille Blum, Wortschatz und Übersetzungsleistung in den althochdeutschen Canonesglossen. Untersuchungen zur Handschrift Frankfurt am Main Ms. Barth. 64 *In Vorbereitung*

Band 127

Heft 1 Prof. Dr. Rolf Lieberwirth, Das sächsisch-magdeburgische Recht als Quelle osteuropäischer Rechtsordnungen *In Vorbereitung*

Einzel- oder Fortsetzungsbestellungen durch eine Buchhandlung erbeten
Sitzungsberichte bis Band 108
durch das Zentralantiquariat der Deutschen Demokratischen Republik, Leipzig,
ab Band 109 durch die Universitätsbuchhandlung, 7010 Leipzig,
zum Teil noch lieferbar

AKADEMIE - VERLAG
DDR · 1086 Berlin, Leipziger Straße 3–4

ISBN 3-05-000 065-1
ISSN 0138-3957

MIX
Papier | Fördert gute Waldnutzung
FSC® C083411

Kolibri 360 GmbH
Ferdinand-Jühlke-Straße 7
99095 Erfurt, Deutschland
produktsicherheit@kolibri360.de